苹果绿色高效生产与病虫害防治

主 编 杨 国 于忠辉 尹红珍

天津出版传媒集团

天津科学技术出版社

图书在版编目（CIP）数据

苹果绿色高效生产与病虫害防治 / 杨国，于忠辉，尹红珍主编. — 天津：天津科学技术出版社，2021.4（2025.2重印）

ISBN 978-7-5576-8869-1

Ⅰ.①苹… Ⅱ.①杨… ②于… ③尹… Ⅲ.①苹果－果树园艺－无污染技术②苹果－病虫害防治 Ⅳ.①S661.1②S436.611

中国版本图书馆 CIP 数据核字（2021）第 061358 号

苹果绿色高效生产与病虫害防治
PINGGUO LVSE GAOXIAO SHENGCHAN YU BINGCHONGHAI FANGZHI
责任编辑：陶 雨

出版： 天津出版传媒集团
　　　 天津科学技术出版社
地址：天津市西康路 35 号
邮编：300051
电话：(022) 23332400
网址：www.tjkjcbs.com.cn
发行：新华书店经销
印刷：唐山唐文印刷有限公司

开本 880×1230　1/32　印张 4.875　字数 125 000
2025 年 2 月第 1 版第 2 次印刷
定价：32.00 元

编委会名单

主 编　尹红珍

副主编　郑荣　温建军　吴学琛　刘旺　贺莉　韩英浩　马丽国　董小园　田君　黄平
　　　　　卢辉　张梅　贾高清　靳世河　刘丽　郭晓琳　段丽　崔金玲

编　委　于忠　赵雄　肖冯　王思　张崔　管贾　李磊　李慧亮
　　　　　辉英　丽艳　亚伟娟　明磊　慧亮
　　　　　杨国杰　魏文芹　张书蒙　周蒙英　王丽玉　张福宏　张宏玲　许燕玲　范舍安　霍保春莲　郭春

前 言

我国苹果产量占世界总产量 65%，是出产和出口的大国，苹果在我国已有两千余年的栽培历史。近年来，随着社会经济的发展及人民生活水平的提高，人们越来越重视水果的优质绿色生产，水果产业的发展已经从数量效益型向质量效益型转变。这就要求果树产业进行稳增长、调结构的供给侧改革，为市场提供更多的安全优质水果。

本书系统地介绍了苹果的优良品种、苹果果园建立、肥水管理、促花促果、防灾护树、主要病虫害防控技术、苹果果实分级、包装及贮藏等内容。本教材通俗易懂，具有较强的科学性、实用性和可操作性，能作为农民学习培训使用。同时，也可作为基层农技人员指导农业生产的实用工具书。

由于编者水平有限，书中难免存在缺点和错误之处，请广大读者批评指正。

编 者

目录

第一章 苹果的优良品种 …………………………… (1)
第一节 早熟品种 ……………………………………… (1)
第二节 中熟品种 ……………………………………… (4)
第三节 晚熟品种 ……………………………………… (9)

第二章 苹果果园建立 ………………………………… (15)
第一节 园地选择及规划设计 ………………………… (15)
第二节 现代建园技术 ………………………………… (21)
第三节 苗木出圃与贮运 ……………………………… (29)

第三章 肥水管理 ……………………………………… (39)
第一节 熟悉肥料种类与特点 ………………………… (39)
第二节 科学与安全施肥 ……………………………… (51)
第三节 科学灌溉与节水技术 ………………………… (69)

第四章 促花促果 ……………………………………… (73)
第一节 苹果早果和优质丰产的树相指标 …………… (73)
第二节 树相诊断 ……………………………………… (81)
第三节 促花措施 ……………………………………… (83)
第四节 促果措施 ……………………………………… (86)

第五章 防灾护树 ……………………………………… (92)
第一节 防治冻害 ……………………………………… (92)
第二节 防治抽条 ……………………………………… (96)

第三节　雹灾救治 …………………………………（99）
第四节　防治霜害 …………………………………（100）
第五节　进行桥接和寄根接 ………………………（102）

第六章　主要病虫害防控技术 …………………………（106）
第一节　苹果主要病害高效防控技术 ……………（106）
第二节　苹果主要害虫高效防控技术 ……………（124）

第七章　苹果果实分级、包装及贮藏 …………………（135）
第一节　苹果果实分级与包装 ……………………（135）
第二节　苹果果实贮藏技术 ………………………（137）

参考文献 ……………………………………………………（147）

第一章 苹果的优良品种

第一节 早熟品种

一、藤牧一号

美国品种。果实圆形或短圆锥形，常有棱，平均单果重180~210克。果面底色绿黄，阳面有晕，红条纹或全红。果皮光滑无锈斑。果点小而稀。果梗粗短。果皮较厚，果肉颜色黄白色，肉质松脆，汁液多，风味酸甜适度，有香味。可溶性固形物含量11%~13%。果实发育期95~100天。在砀山地区成熟期为7月20日前后。自然条件下可贮藏15~20天。

该品种树势中等偏上，萌芽率高，成枝力中等。以短果枝结果为主，腋花芽形成能力强。3年生树开始结果，高接树第2年即可结果。容易形成短果枝。适应性广，对土壤及气候条件要求不严。抗早期落叶病及白粉病。自花授粉坐果率高，花序坐果率可达80%以上。有采前落果现象，最好实行分批采摘。授粉树可选嘎拉、美国8号等苹果品种。

二、美国8号

美国品种。果实近圆形或短圆锥形,果形端正,基本无偏斜果。平均单果重200克以上,最大单果重可达320克。果柄中短粗。果面光洁无锈,果点稀而大。果皮底色黄白,充分成熟时着鲜红霞晕。着色面积可达70%以上。有蜡质、外观美。果肉黄白色,肉质松脆,汁液中等多,风味酸甜,芳香味浓,可溶性固形物含量12%～14%。果实生育期110～115天,成熟时间在砀山地区为8月10日前后。果实常温下可贮存20天。

该品种幼树生长旺盛,结果后树势渐趋中庸。树姿直立,萌芽率中等,成枝力强。初果期以腋花芽结果为主,以后逐渐转为中、短果枝结果。早果性好,高接树第2年即可结果。自花结实率低,采收过晚果实容易变软沙化。无采前落果现象。坐果率高,生产中应严格疏花疏果,合理负载。

三、松本锦

日本品种,亲本为津轻×耐劳26号。果实圆形或扁圆形,平均单果重320克,果点大而稀,果面浓红,着色良好。果梗中粗、短。萼片宿存。果面光洁,蜡质层厚,底色黄绿,成熟时全面着深红色。果肉淡黄色,肉质松脆多汁,酸甜可口有香味。可溶性固形物含量为12.5%左右。成熟期在砀山地区为8月初,常温下可贮藏20～30天。

幼树生长旺盛,干性中等,分枝角度偏小,层次明显,顶端优势强,萌芽率高,成枝力强,易形成短果枝,有腋

第一章　苹果的优良品种

花芽结果现象。早果性强,高接后第 2 年即可开花结果。有自花结果能力。抗旱性强,但不抗早期落叶病,对波尔多液敏感。对土壤肥水条件要求高,进入盛果期后,随着结果量的增加,树势减弱,生产中需要加大修剪量,控制枝量,并对多年生枝进行回缩更新复壮,增加土壤的肥水供应。

四、未希

日本品种。用千秋×津轻杂交选育而成。该品种树势开张,长势中庸。果实近圆形,果形指数 0.87,平均单果重 200～220 克,果面全部着鲜红色,光洁亮丽,底色黄绿。果肉乳黄色,肉质致密、多汁、细脆。可溶性固形物含量 13.3%,酸甜可口,品质极优。果实成熟期 7 月下旬,常温贮藏期 20～25 天。枝条萌芽率高,成枝力低,易成花。以短果枝结果为主,也可腋花芽结果,坐果率高。无大小年结果现象。丰产性好,抗逆性强。

五、萌(嘎富)

日本品种。嘎拉×富士杂交选育而成。果实扁圆形,平均单果重 190 克左右。底色黄绿,果面鲜红色,着色均匀一致,着色面积占果面的 80% 以上。果面平滑,有光泽。果肉细,乳白色,汁液多,甜酸爽口,有香气。可溶性固形物含量 15.3%,品质好,耐贮藏。北京地区 4 月上旬萌芽,4 月下旬开花,7 月中旬果实成熟。树势中庸,树姿自然开张,枝条萌芽力强,成枝力较低。苗木定植后第 3 年开始结果,幼树以短果枝结果为主,有腋花芽结果习性。

坐果中等。当年果台枝能形成短枝花芽，成花容易，丰产性好。生理落果较轻，无采前落果现象。抗病性强，适应性好。

六、贝拉

美国品种。1962年选出，1982年引进我国。在我国黄河故道的部分果产区已列为早熟主栽品种。果实较大，平均单果重160克左右，扁圆或近圆形，在充分成熟情况下，底色绿黄，3/4果面呈浓红色，也可全面着色；果面有薄薄一层灰白色果粉，肉质脆，稍疏松，汁中多，味甜酸而浓，品质中上等。在常温下可贮藏10天左右。树势中庸，枝条粗壮，一年生枝暗淡红色，叶片大，阔椭圆形，表面皱纹明显，呈浓绿色。在砀山地区果实6月下旬成熟，采前落果较轻。该品种易栽培、易管理，无特殊要求。成花容易，坐果率高，适当疏花疏果能增加果重。果实成熟不一致，应分期采收。在黄河故道地区部分果园的高接树上出现苹果锈果病，应注意种苗来源，防止病情扩散。

第二节　中熟品种

一、皇家嘎拉

又名红嘎拉，是从普通嘎拉品种中发现的红色芽变，在皖北栽培较多。果实短圆锥形，单果重150～180克。果面平滑无锈，果皮底色绿黄，阳面可着生鲜红霞，色泽艳丽，有断续状红条纹。果柄细长。果皮薄，果肉黄白色或

第一章 苹果的优良品种

淡黄色，肉质细而脆密，汁液多，风味酸甜，有香味。可溶性固形物含量约 13%，品质上等。果实生育期 115～120 天，在砀山地区成熟期为 8 月 15 日前后，室温可贮藏 25 天，货架期长。

幼树生长势较强，成枝力强，苗木栽培后 3 年即可结果。盛果期主要以短果枝和腋花芽结果为主。树势强健，树姿较开张，萌芽率高，分枝角度较大。叶片长椭圆形，有光泽。早果性和丰产性能均强，高接第 2 年即可结果。适应性广，抗早期落叶病、白粉病等。发枝特性类似金帅，对修剪不太敏感。生产中应注意疏花疏果，保证肥水供应。

二、夏香

系红津轻芽变选育而成。该品种生长势强旺、萌芽率中等，成枝力较强，易成花、丰产，抗病性较强，平均单果重 270～280 克，果面着鲜红条纹，底色黄白，果肉淡黄白色，肉质致密多汁，风味香甜，品质上等。砀山地区果实 8 月中旬成熟，常温可贮存 25 天左右。

三、秦阳

该品种是西北农林大学从皇家嘎拉实生选育出来的中早熟苹果新品种。树势健壮，树姿较开张，树冠圆锥形。叶片长椭圆形，叶色深绿。果实近圆形，平均单果重 180 克左右，果形端正，底色绿黄，成熟时着色鲜红或艳条红，色泽亮丽，有少量果粉。果皮较厚，无锈，果肉黄白色，细脆，汁中多，风味酸甜，具有香味。可溶性固形物约 12%，品质上等。在砀山地区成熟期为 8 月上旬，较皇家嘎拉早熟7天。果实生育期约100天。室温下可贮藏15—20天，在砀山地区有少量栽培面积。

该品种栽培宜采取主干形整枝方式，在充足的肥水条件下有较高的产量。另外该品种成熟期不一致，可根据市场需求分批采收投放市场。一般在7月25日后即可开始采收。

四、烟嘎1号、2号

该品种是从新嘎拉中选出的芽变新品种，通过山东省农作物品种审定委员会审定，目前在山东省推广面积较大。属早、中熟苹果品种。烟嘎1号果实中大，单果重187～232克，大小均匀；果形圆至椭圆形，高桩；8月中旬开始着色，着色快，充分成熟时，果面光洁，全红果比例为48.9%～70%，条红，色泽浓红鲜艳。果肉乳黄色，肉质细脆爽口，可溶性固形物13.3%～14.5%，汁多味甜，品质上。早果性强。烟嘎2号果实中大，单果重202～228克，果个均匀，果形圆至椭圆，高桩。果实着色早，色泽发育较快。初上色为条红，充分成熟时全面着色，浓红艳丽，全红果率为45.6%～75%，果肉乳黄色，细脆致密，可溶性固形物13.8%～14.8%，香甜可口，品质上等。早果丰产。烟台地区果实8月下旬成熟。在砀山地区为8月15日前后。

这两个芽变品种幼树生长旺盛，扩冠快，树姿开张，易丰产，其丰产性能超过皇家嘎拉。适宜栽培密度为3米×5米，采用自由纺锤形或小冠疏层形整枝方式。授粉品种、花果及肥水管理、病虫害防治与皇家嘎拉品种无异。

第一章　苹果的优良品种

五、红津轻

日本品种，是从津轻中选育出的更好的着色芽变系品种，习惯上称之为红津轻。果实近圆形，平均单果重 220 克，果面底色黄绿，着色后期全面红色，着色期比普通津轻早 20 天左右。果肉黄白色，致密多汁，硬度较大，风味香甜微酸。可溶性固形物含量在 13%～15%，品质上等。果实成熟期在砀山地区约在 8 月下旬。不耐贮藏，常温下贮藏期 20～25 天。

该品种树势强健，萌芽率高，成枝力强。初果期以长果枝和腋花芽结果为主，进入盛果期逐渐转为以中、短果枝结果。早果性较好，定植后 3 年即可结果。坐果率中等，采前落果较严重，生产中应防采前落果和分批采收。

六、红乔纳金

又名新乔纳金，美国品种。是以金冠×红玉杂交培育而成的三倍体浓红型芽变品种。果实圆形或圆锥形，单果重 230 克以上。果面底色黄绿，成熟时全面鲜红色或浓红，有不甚明显的红色条纹。果面光滑有光泽，蜡质多，果点小而少，不明显。果皮较薄，果肉淡黄色，松脆多汁，风味酸甜，稍有香气。可溶性固形物含量为 14% 左右，品质上等。果实成熟期在砀山地区为 9 月底。常温下可贮藏 30 天以上，在冷藏条件下可贮藏至翌年清明节前后。

该品种为三倍体品种，生长势强，树冠高大，树姿较开张，萌芽率较高，枝梢软而长，易形成花芽。以短果枝、腋花芽结果为主。花序坐果率高。丰产性好，适应性强，早果性好。该品种花粉无发芽能力，不可作为授粉品种。栽植时要配置 2 个同期开花的二倍体苹果品种作为授粉品种。红乔纳金是优良的鲜食与加工兼用品种。

七、元帅系

目前已出现的元帅系芽变品种多达几十个。其中，适应性较广的以首红、超红等。

首红。美国品种。属于红星的芽变。其色艳、味美、高产、典型的短枝性状，被公认为元帅系品种群中的最优品种。该品种树形紧凑，树体中等大小，树冠为普通形元帅的 75% 左右，短枝性状显著。幼树期树姿直立，生长势中庸。萌芽率高，成枝力弱，早果性强，易生成短果枝，一般在肥水充足、土层深厚的条件生长期结果良好，以短果枝结果为主，适于密植栽培。

果实圆锥形，高桩，果顶五棱突起明显，平均单果重 200 克左右。果面底色黄绿，全面深红并有隐形条纹。果肉初采时为绿白色，稍贮藏后黄白色，肉质细脆，汁液多，风味酸甜，香味浓。可溶性固形物含量在 13% 左右，品质上等。果实成熟期在砀山地区为 8 月下旬。常温下可贮藏 25 天左右。常温贮后果肉易发软，汁液减少。在低温冷冻贮藏条件下可至翌年 3—4 月份。

超红。同属于元帅系短枝型芽变，成熟期果实性状，栽培管理与首红相似。

第一章 苹果的优良品种

八、黄王

日本品种,亲本不详。该品种树势强旺,枝条易直立生长,萌芽率高,成枝力中等,易成花。自然坐果率高,连续结果能力强,丰产。抗早期落叶病、轮纹病和炭疽病。果面淡黄色,底色白,果点大而稀,无果锈,果肉金黄色,肉质致密、多汁,口感香甜、酥脆,品质极优,8月上中旬成熟。常温可贮存25天左右。

九、金帅

又名金冠,美国品种,得自于偶然实生苗。20世纪30年代引入中国,是已种植几十年的老品种。果实圆锥形,单果重180～200克。果实黄绿色,完全成熟后金黄色。果肉淡黄色,肉质细脆,酸甜适口,芳香味浓。8月下旬成熟。冷藏库贮藏可至第2年3月份,常温下贮藏易失水皱皮。栽培中果实易生锈。

树势强健,树冠较大。幼树枝条直立,萌芽率强,成枝力中等以上。结果后易开张。结果早,3～4年树龄即可结果。丰产、稳产性强。在土层深厚并肥沃的果园表现丰产优质。

第三节 晚熟品种

一、红富士品种群

红富士是从普通富士的芽变中选育出来的着色系富士

的统称。富士苹果是日本农林水产省果树试验盛冈分场于1939年以国光为母本、元帅为父本进行杂交,历经20多年选育出的苹果优良品种,具有晚熟、质优、味美、耐贮等优点。1962年正式命名,是世界上最著名的晚熟苹果品种。此后日本又从富士中选育出许多着色好的富士芽变,统称为红富士。20世纪80年代引入中国以后,在全国各地苹果适栽区推广。中国的果树工作者又从中选育许多不同类型的芽变新品种,如烟富6号、礼泉短富、海珠短富、晋富3号等。目前红富士系列品种是我国最主要的晚熟苹果品种,栽培面积最大,占苹果种植的70%左右。安徽省苹果晚熟品种也是以红富士苹果为主栽品种。

红富士苹果为大型果,平均单果重200~300克,最大单果重可达400克以上。果实多扁圆形,果形指数0.8左右,少数果近圆形,授粉不良或花序坐果多时,易产生畸肩、偏斜果实。果皮光滑有光泽、中厚,成熟果实果面底色淡黄,着暗红或鲜红色霞红或条纹霞红。果点圆形,较明显,中大、密。果肉黄白色,肉质致密细脆,果汁多,风味酸甜,芳香味浓,品质极上。果实可溶性固形物15%左右,果实硬度8~10千克/平方厘米,极耐贮运,常温下可贮藏60~80天,冷藏可周年供应市场。贮藏后肉质不发绵,风味变化小,病害轻。果实生育期160~170天,砀山地区种植一般在11月上中旬成熟采收。早熟的芽变品种可提前成熟1个月。

红富士幼树与高接树前期生长强旺,易徒长,生长量大。随着树龄增长而逐渐缓和开张。幼树生长总量大。长、中、短果枝数量,总叶面积都比较大,为早结果、早丰产

第一章　苹果的优良品种

奠定了基础。

红富士萌芽力和成枝力均强，因此红富士不会出现枝芽量不足的问题。它的幼树和健旺树均有明显的腋花芽结果习性。初结果的树，长果枝和腋花芽结果占有一定的比例，但很快就会转向以短枝结果为主。盛果期的树短果枝结果比例可达70％。它的果台枝抽生较细，连续结果能力差，可连续结果的仅占5％左右，因此修剪不当易形成大小年结果现象。

红富士的栽植密度宜每亩27～44株，株行距（3～4）米×（5～6）米，矮化中间砧每亩40～66株，株行距（2.5～3）米×（4～5）米。红富士幼树要注意开张角度，对不影响树形的枝条轻剪长放，注意培养松散、层次分明的树体结构。及时疏除过密的发育枝、竞争枝，保持内膛光照充足。对结果枝要注意短截回缩。红富士自花果率低，适宜的授粉品种有金冠、红星、津轻等。

红富士不抗粗皮病和轮纹病，防治粗皮病的根本措施在于改良土壤，增强树势，深翻改土，增施有机肥，防治轮纹病的关键在于清洁果园，刮树皮，并要注意氮、磷、钾及有机肥料的综合使用。

二、弘前富士

果实近圆形，果型与富士相似，部分果实稍偏斜，平均纵径8.0厘米、横径8.5厘米，单果重230～300克。底色黄绿，条状浓红。套袋后果实呈条状鲜艳红色。果实8月中下旬开始着色，着色比富士苹果容易，可以达到全红。果点小，果面光洁。果肉乳黄色，肉质细，爽脆，汁液多，风味甜酸适口、稍有香味。品质上等，含可溶性固形物14.7%。不宜过晚采收，过晚果肉易变软。

幼树生长势强，顶端优势明显，1年生枝平均长度90厘米，粗0.9厘米。萌芽率64%，成枝力较强，一般剪后发3~4个枝，高接第2年开始结果，早期以中长果枝结果为主，短果枝和腋花芽也有相当的比例，果台多抽生1~2个果台副梢，连续结果能力较强。花序坐果率80%~90%，花朵坐果率35%左右。3月15日左右萌芽，花期4月上中旬。果实发育期为140天左右，成熟期为9月上中旬。叶片与富士十分相似，果实对轮纹病抗性较差。叶片对斑点落叶病的抗性稍优于富士。

三、红将军

系早生富士的红色芽变。果实近圆形，果形指数0.83，平均单果重300~350克。果肉黄白色，质地比红富士略松、甜脆爽口、香气馥郁、皮薄多汁。外形与红富士极为相似。果面着色鲜红色，底色黄色，果肉乳黄色，肉质致密酥脆，去皮硬度7.73千克/平方厘米，可溶性固形物含量15.5%，口感香、甜、脆，品质极优。果实9月中下旬成熟。红将军苹果与成熟的红富士相比只是在颜色上稍稍有些差异。在形状、个头和重量上没有太大区别。上市时间早。该品种树势强健，树姿开张，萌芽率中等，成枝力强，易成花。自然坐果率高，较抗轮纹病，丰产性强。

四、新世界

系日本富士×赤诚杂交选育而成。果实近圆形，单果

第一章 苹果的优良品种

重 280～320 克,果面着色浓红,极易着色,并着色全面。底色黄色。果肉乳黄色,肉质致密多汁。果皮较厚,耐贮运。去皮硬度 8.34 千克/平方厘米。可溶性固形物含量 15.74%,有香味,风味酸甜,品质上等。果实 9 月下旬至 10 月上旬成熟。常温可贮存 40～50 天。该品种树势强健,树姿开张。萌芽率中等,成枝力中等。具有与其亲本赤诚类似的矮化性状,属短枝型品种。树势中庸,极易形成花芽。盛果期以短果枝结果为主,丰产,抗病性强。

五、富士一系

系日本用辐射育种方法从着色系富士变异中筛选出的优良品种。果形指数 0.86,平均单果重 300～350 克,果面着鲜艳片红,底色蜡黄、富有光泽。果肉乳黄发亮、致密多汁,去皮硬度 7.8 千克/平方厘米。可溶性固形物含量 17.0%,香味浓、甘脆、酥脆多汁,品质极优。果实成熟期 10 月下旬至 11 月上旬,自然常温贮存 60～70 天,风味不变,是红富士品种群的优良品种。该品种生长势强健,树姿开张,萌芽率中等,成枝力强,易成花。自然坐果率高,长、中、短果枝均可结果,丰产性强。较抗轮纹病。

六、澳洲青苹

澳大利亚苹果品种。为世界上著名的绿色苹果品种。果实大,扁圆或近圆形。平均单果重 210 克,最大可达 260 克。果面光滑,全部为翠绿色,有的果面阳面稍有红褐色晕。果点黄白色,果皮厚韧。果肉绿白色。肉质细脆,硬度为 7.8 千克/平方厘米,果汁多,风味酸,少香气,总酸含量高达 0.95%，出汁率最高为 72.34%。可溶性固形物 12.5%。品质上等。因含酸量太高，品质中上。耐贮运，一般可贮藏至第 2 年的 4~5 月份。贮藏后的果实风味更佳。果实生育期 170 天左右，10 月下旬成熟。该品种幼树结果早，较丰产。刚采收的果实风味偏酸。最适食用期在第 2 年的 2~3 月份，是加工、鲜食兼用品种。该品种适应性较强，在各地栽培都比较适宜。在管理方面应注意幼树搭好骨架，早期拉开角度，少短截。盛果期后注意疏花疏果，防止大小年结果。

第二章 苹果果园建立

第一节 园地选择及规划设计

建立现代果园是果树栽培的一项重要基本建设，直接关系到果树生产成败及其经济效益高低。建立现代果园涉及多项科学技术的综合配套。既要考虑果树本身及环境，又要预测市场销售和流通，某一环节决策失误或实施技术不当，将带来重大的损失，因此建立现代果园比开辟一年生作物种植场地更为复杂和重要，必须进行综合考察论证，全面规划，精心组织实施，使之既符合现代商品生产要求，又具有现实可行性。

一、园地选择

建立现代苹果园，应进行园地选择，以确保果园建立成功，取得高效益。园地选择是以对园地评价为依据的。园地评价常以气候、土壤、交通和地理位置等条件为转移，其中又以气候为优先考虑条件，因为气候变化是人类难以控制的，尤其是在灾害性天气频繁发生，而目前尚无有效方法防止的地区。园地选择不当，关系到果园的存亡。在市场竞争激烈的形势下，即使果树能够生存，不能获得优质高产的园地，也不可能达到预期的目标。因此园地的选择，必须以较大范围的生态区划为依据，进行小范围宜园地的选择，以获得事半功倍的效果。宜园地的类型较多，主要包括以下几种。

（一）平地

平地一般水分充足，水土流失较少，土层较深，有机质较多，果园根系入土深，生长结果良好，产量较高。但是平地果园的通风、日照和排水等均不如山地果园。果实的色泽、风味、含糖量、耐储性等方面也比山地果园差。

平地果园地形变化较小，便于实施机械化操作管理，提高劳动生产率，便于生产资料与产品的运输，便于道路及排、灌系统的设计与施工等，比建立山地果园投资少，产品成本较低，有利于提高果园效益。

（二）山地

我国是一个多山的国家，山地面积占全国陆地面积的2/3以上。利用山地发展果树生产对调整和优化山区的经济结构，改变山区贫困落后的面貌，具有重要的现实意义。

山地空气流通，日照充足，温度日差较大，有利于碳水化合物的积累，果实着色好和优质丰产。

选择山地建园时，应注意海拔高度、坡度、坡向及坡形等地势条件对温、光、水、气的影响。由于山地气候变化的复杂性，决定了在山地选择宜园地的复杂性。因此，山地建园时，必须熟悉气候，并因地制宜地选择品种和栽培技术。

（三）丘陵地

丘陵地是介于平地与山地之间的过渡性地形，其建园时水土保持工程和灌溉设备的投资较少；交通较方便，便于实施农业技术，是较为理想的建园地点。

第二章 苹果果园建立

（四）海涂

海涂地势平坦开阔，自然落差较小，土层深厚，富含钾、钙、镁等矿质营养成分；土壤含盐量高，碱性强；土壤的有机质含量低，土壤结构差；地下水位高，在台风登陆的沿线更易受台风侵袭；缺铁黄化是海涂地区栽培果树的一大难题。在海涂地区发展苹果时应注意以上几个方面的问题。

二、果园规划与设计

（一）园地调查

在进行现代果园规划与设计之前，首先要调查建园地区及其邻近地区的社会经济情况、果树生产情况、气候条件和水利条件等情况，然后进行地形勘察和土壤调查，了解当地的地形、土壤植被、地下水位和水源等情况。将调查情况写出书面调查分析报告和绘制成草图，作为规划设计的依据。必要时还应对现场进行测量，绘制出平面图。山地果园地形复杂，还应绘制地形图，以利于规划设计，也便于修筑梯田等水土保持工程。

无论平地还是山地果园，在测完地形、面积以后，都应按现代果园规划的要求，把防护林、作业区、排灌系统、道路系统以及必要的房舍等分别测出，以便施工。

（二）果园小区的划分

以企业经营为目的的现代果园，土地规划中应保证生产用地的优先地位，并使各项服务于生产的用地保持协调比例，通常各类用地的比例为：果树栽培面积80%～85%，防护林5%-10%，道路4%，其他为办公及生活区等占地。

为了便于果园管理，可划分为若干果园小区，果园小区又称作业区，为果园的基本生产单位。划分果园小区，将直接影响果园的经营效益和生产成本，是果园土地规划的一项重要内容。小区的大小、形状和面积，应根据地形、地热和劳动组织大小等划分。正确划分果园小区，应满足以下要求。同一小区内气候及土壤条件基本一致，以保证同一小区内管理技术内容和效果的一致性；在山地和丘陵地，要有利于防止果园水土流失，有利于发挥水土保持工程防浸浊效益；有利于防止果园风害；有利于果园的运输及机械化管理。

划分小区时，不宜跨过分水岭或大的沟谷。为了便于修筑水土保持工程，小区应是长方形的，长边与短边的比例为（2～5）：1，长边要与等高线平行。小区面积的大小，可根据地形确定，地形变化不大的，面积可稍大些，反之可小些。一般8～12公顷为宜，过大管理不方便，过小又会增加非生产用地。

（三）道路系统的规划

果园面积确定后，必须规划好道路系统，良好而合理的道路系统，既便于果园管理，又是现代化果园的标志之一。果园小区划分好后，各大区之间有干线相连，各小区之间有支路，小区内也要有纵横作业道。路面宽度，可因运输量的大小、运输工具及机耕器械的使用情况来决定。一般干路宽6～7米，支路宽3～5米，作业道宽1～2米。道路网的安排应依果园的坡度而定，果园的坡度在6度以下，则可每隔80～100米修上下支路（与等高线垂直），不必设盘山道。如果坡度在10°以上，则必须修筑盘山道，一

第二章 苹果果园建立

般每隔50～100米开一盘山作业道，宽度可为2～3米。

在建果园时，必须把道路系统设计好。在未进入盛果时期，运输任务轻松时，可在道上种植作物或绿肥。

（四）防护林的营造

在果园四周或园内营造林带，可减轻果园的风害、寒害和旱害，减少气温变幅，改善果园的生态环境，对果树具有很好的防护效果。沿海滩涂果园的林带，对减弱台风、海风的危害有重要作用。山丘坡地果园的林带还有防止水土流失的作用。配栽的蜜源或绿肥植物，还可开辟肥源、增加果园经济收入。

防护林多根据果园规模大小和有害风向，参照地势、地形、气候特点进行规划。6～7公顷以下的小型果园，多在果园外围主要有害风向的迎风面栽植2～4行乔木为防风林带，或在风谷口栽植较密的林带作风障；大、中型果园，建立果园防护林网。

果园防护林带的有效防护范围为树高的25～30倍，最佳防护范围为树高的15～20倍。主林带之间的距离以乔木最终生长的高度为依据。主林带间距通常为200～400米，副林带间距为500～1000米。主林带宽幅一般为10～12米，多风地带土地较多时达20米左右，副林带宽6～8米。主副林带成网状，与作业小区、道路、排灌系统相配合，林、路、渠一体化，经济利用土地。

林带类型大致有两类，紧密型林带和疏透型林带。紧密型林带由乔灌木混合组成，中部为4～8行乔木，两侧或在乔木下部，配栽2～4行灌木，林带长成后，上下左右枝叶密集，防护效果明显，但防护范围较窄。疏透型林带由乔木组成,或两侧栽少量灌木,使乔灌木之间有一定空隙,允许部分气流从中、下部通过,大风经过林带后,风速降低,防风范围较宽,是果园常用的林带类型。

防护林树种要求生长迅速,树体高大,枝叶繁茂,林相整齐,寿命长,根系深,适应性强,并与果树无共同病虫害。常用的有毛白杨、杂交杨、刺槐、臭椿、白榆、马尾松和水杉等;辅作树种是构成第二层林冠的树种,有柳树、海棠、花椒、杜梨、桑等;灌木是下部树冠的主要树种,多用枸橘、条桑、紫穗槐等。

(五)排灌系统

1. 排水系统

灌水系统由灌水池、干渠、支渠组成。干渠、支渠应设在果园高处。山地果园干渠应设在沿等高线走向的上坡;滩地、平地干渠可设在干路的一边,支渠可设在小区道路的一侧。渠底比降:干渠为 1∶1000 左右,支渠 3∶1000 左右。为保证及时而充分供水,平地果园每 6 公顷配一眼井;洼地果园要修涝和旱井蓄水;山地果园要修梯田蓄水,临河果园要修渠引水到园。

2. 排水系统

排水系统由排水干沟、排水支沟和排水沟组成,分别配于全国、区间和小区内。一般排水沟深 80~100 厘米,宽 2~3 米;排水支沟较排水干沟浅些、窄些;排水沟深 50~100 厘米,上宽 80~150 厘米,底宽 30~50 厘米。各级排水沟相互连通,以便顺畅排水出园。经济条件好的果园,可建立现代化灌溉设施,如喷灌、滴灌、渗灌等,相比传

第二章 苹果果园建立

统的漫灌、沟灌,既省水,又能维持土壤结构,增产、增质效果好。近年,许多果区多有应用,灌溉面积不断扩大。

第二节 现代建园技术

一、品种的选择

见本书第三章第二节有关品种选择内容。

二、授粉树的选择和配置

苹果树属异花授粉品种,在自然条件下,大多数品种有自花不实的特性,栽培单一品种时,往往花而不实,低产或连年无收。即使能够自花结实的品种,结实率也很低,不能达到商品生产的要求(红富士自花结实率为6.3%,国光为6.7%)。在异化授粉的情况下,红富士坐果率可达50%以上,最高可达90%左右。所以苹果建园时必须配置授粉品种。

(一)授粉品种应具备的条件

与主栽品种同时开花,且能产生大量发芽率高的花粉;与主栽品种同时进入结果期,且年年开花,经济结果寿命长短相近;与主栽品种授粉亲和力强,能生产经济价值高的果实;能与主栽品种相互授粉,两者的果实成熟期相近或早晚互相衔接;当授粉品种能有效地为主栽品种授粉,而主栽品种却不能为授粉品种授粉,又无其他品种取代时,必须按上述条件另选第二品种作为授粉品种的授粉树,但主栽品种或第一授粉品种也必须能作为第二授粉品种的授粉树。

现将苹果主要品种能相互授粉的优良组合列入表 2-1，供参考。

表 2-1 苹果主要品种能相互授粉的优良组合

主栽品种	适宜授粉品种
藤牧一号	嘎拉
萌	藤木 1 号、嘎拉
松本锦	藤木 1 号、萌
嘎拉、美国八号	津轻、藤木 1 号
新红星、首红、超红	烟富 6 号、红玉、金冠
乔纳金	嘎拉、红富士、津轻
王林	红富士、嘎拉、澳洲青苹、新红星
红富士、红将军	千秋、新红星

注：津轻、嘎拉、乔纳金、红富士等分别包括其他优选的新品系和新品种。

（二）授粉品种的配置

授粉品种作为辅栽品种一般占有总株数的 20% 左右，授粉效果好的，可减为 10%。风媒花的授粉树，可设在果园外沿来风一方；虫媒花的授粉树，成单行排列，也可"梅花式"株间排列。成行排列便于管理，适用于经济价值较高的授粉品种；"梅花式"株间排列，需用授粉树少，适用于经济价值较低的授粉品种。授粉品种与主栽品种通常相隔 2~4 行，一般不超过 20~30 米。

有的苹果园只栽一个品种。选择花量大、花粉多、开花早、授粉效果好的专用授粉树或花红果、海棠果等，分散间栽园中自然授粉，或栽在路边、地堰边，或向阳坡上，花期集中采粉，人工授粉。

第二章 苹果果园建立

为了适应苹果生产向规模化、集约化经营方向发展的需要,国外像荷兰等果品生产先进国家普遍施行苹果专用授粉树制度。我国已经引进了4个苹果专用授粉品种(见本书第三章第二节有关内容),经初步试栽,表现良好,有希望在今后几年内大面积推广。苹果专用授粉树的推广应用可以使栽培品种相对集中,便于管理与销售;由于其树体小,可以经济利用土地;良好的花粉直感效应可以大大改进果实的外观质量。

三、栽前准备

(一)标行定点

定植前,根据规划的栽植方式和株行距,进行测量,标定树行和定植点,按点栽植。平地果园,应按区测量,先在小区内按方形四角定4个基点及1个闭合的基线,以此基线为准测定闭合在线内外的各个定植点。

山地和地形较复杂的坡地,按等高线测量,先顺坡自上而下接一条基准线,以行距在基准上的标准点,用水平仪逐点向左右测出等高线,坡陡处减行,坡缓处可加行,等高线上按株距标定定植点。

(二)栽植穴(沟)准备

定植穴通常直径和深度都为80~100厘米。定植穴的准备,实际是果园土壤的局部改良,山区果农的实践体验尤其深刻,果园土壤条件越差,定植穴的大小、质量要求应越高。20世纪80年代以来,密植建园多顺栽植行,挖深、宽各1米左右的栽植沟,对果树生长的效果比穴栽好,特别是有利于排水。平地挖穴常有积涝,效果不及挖沟者。无论挖穴或挖沟,都应将表土与心土分开堆放,有机肥与表土混合后再行植树。

定植穴挖后，培穴、培沟时，可刨穴四周或沟两侧的土，使优质肥沃土集中于穴内并把穴（沟）的陡壁变成缓坡外延，以利根系扩展；尽量把耕作层的土回填到根际周围，并结合施入的有机肥，最好重点改良 20~40 厘米幼树根系集中分布的土层，太深难以发挥肥效。

（三）苗木准备

良种壮苗是建立高标准果园的基础条件。自育或购入的苗木，均应于栽植前进行品种核对、登记、挂牌。发现差错应及时纠正，以免造成品种混杂和栽植混乱。还应进行苗木的质量检查与分级，合格的苗木应该具有根系完好、健壮、枝粗节间短、芽子饱满、皮色光亮、无检疫病虫害等条件，并达到国家或部颁标准规定的指标。

苗木栽前再进行一次检查，剔除弱苗、病苗、杂苗、受冻苗、风干苗，剪除根蘖、断伤的枝、根、枯桩等，并喷一次 5 波美度石硫合剂消毒。对远处运来稍有失水的苗木，应放在流动的清水里浸 4~24 小时再栽。

（四）肥料准备

为了改良土壤，应将大量优质有机肥运到果园，可按每株 100~200 千克，每亩 5~10 吨的数量，分别堆放。

四、栽植时间

秋季落叶以后到春季萌芽以前栽植均可，实际生产上以春栽为主。

（一）早秋栽

北方果区，秋季多雨，在 9 月中旬至 10 月上旬栽植。抢墒带叶栽植是西北黄土高原果区的一条成功经验，由于

第二章 苹果果园建立

栽时封墒情好,根系恢复快,栽植成活率高,翌年,基本不缓苗,生长较旺。采用这种栽法必须就地育苗,就近栽植,多带土、不摘叶,趁雨前,随挖随栽,成活率更高。

(二)秋栽

土壤结冰前栽植,栽后根系得到一定的恢复,翌春发芽早、新梢生长旺,成活率高。在冬季干冷地区,要灌透水,后按倒苗干,埋土越冬,比较安全。

(三)春栽

春季土壤解冻后,树苗发芽前栽,虽然发芽晚,缓苗期长,但可减少秋栽的越冬伤害,保存率及成活率高。

五、栽植方法

(一)栽植密度

苹果的栽植密度受品种砧木类型、树形、土壤、地势、气候条件和管理水平等因素的制约。栽植密度是影响果品质量的重要因素之一。苹果合理的栽植密度既要保证充分地利用土地资源,又要保证树体充分采光。在单位面积栽植株数一定的情况下,行距对光照的影响比株距大得多,生产上一般采用宽行密植,行距不少于3~4米,树体成型后,行间应有1米的直射光。根据主要因素将常用栽植密度列于表2-2,供生产上参考。随着生产的发展,市场对果品质量要求越来越高,苹果栽植密度也呈越来越小的趋势。

(二)栽植方式

栽植方式决定果树群体及叶幕层在果园中的配置形式,对经济利用土地和田间管理有重要影响。在确定了栽植密度的前提下,可结合当地自然条件和果树的生物学特性决定。常用栽植方式有以下几种。

表 2-2　苹果栽植密度参考表

立地条件		乔化树	半矮化树	矮化树
山丘地	株行距/米	4×(5~6)	2×(3~4)	1×(2.5~3)
	栽植密度/(株/667平方米)	28~33	83~111	222~267
沙滩地	株行距/米	5×(6~7)	3×(4~5)	1.5×(3~4)
	栽植密度/(株/667平方米)	19~22	44~56	111~148
平原地	株行距/米	6×(7~8)	4×(5~6)	2×(4~5)
	栽植密度/(株/667平方米)	14~16	28~33	67~83

1. 长方形栽植

这是我国广泛运用的一种栽植方式。特点是行距大于株距，通风透光良好，便于机械管理和采收。

2. 正方形栽植

这种栽植方式的特点是株距和行距相等，通风透光良好、管理方便。若用于密植，树冠易郁闭，光照较差，间作不便，应用较少。

3. 三角形栽植

三角形栽植方式的特点是株距大于行距，两行植株之

第二章 苹果果园建立

间互相错开而成三角形排列,俗称"错窝子"或梅花形。这种方式可提高单位面积上的株数,比正方形多栽11.6%的植株。但是由于行距小,不便于管理和机械作业,应用较少。

4. 带状栽植

带状栽植即宽窄行栽植。带内由较窄行距的2～4行树组成,实行行距较小的长方形栽植。两带之间的宽行距(带距),为带内小行距的2～4倍,具体宽度视通过机械的幅度及带间土地利用需要而定。带内较密,可增强果树群体的抗逆性(如防风、抗旱等)。如带距过宽,可能减少单位面积内的栽植株数。

5. 等高栽植

适用于坡地和修筑有梯田或撩壕的果园。实际是长方形栽植在坡地果园中的应用。

6. 篱壁式栽植

这种栽植方式最适宜机械作业和采收。由于行间较宽,足够机器在行间运行,株间较密,成树篱状,也是适于机械化管理的长方形栽植形式。

(三)栽植技术

将苗木放进挖好的栽植坑之前,先将混好肥料的表土,填一半进坑内,堆成丘状,取计划栽植品种苗木放入坑内,使根系均匀舒展地分布于表土与肥料混堆的丘上,同时校正栽植的位置,使株行之间尽可能整齐对正,并使苗木主干保持垂直。然后,将另一半混肥的表土分层填入坑中,每填一层都要压实,并不时将苗木轻轻上下提动,使根系与土壤密接,再后将心土填入坑内上层。在进行深耕并施用有机肥改土的果园,最后培土应高于原地面5～10厘米,且根茎应高于培土面 5 厘米，以保证松土踏实下陷后，根茎仍高于地面。最后在苗木树盘四周筑一环形土埂，并立即灌水。

六、栽后管理

栽后 2~3 年内的管理水平，对于园相整齐和早结果、早丰产非常重要。

（一）定干与树干套膜

幼树定植后，应按整形要求及时定干。定干高度一般为 80~100 厘米；对萌发成枝力低的品种，定干时在剪口下 20 厘米、10 厘米左右的东南、西南方向各刻一个芽，抠去剪口下第 2 芽，使第 3 芽在正北方向，这样当年可培育成三个理想的主枝。定干、刻芽后随即在树干上套上塑膜袋或缠以塑膜带绑草保护。目前生产中多采用纺锤形整枝的苹果园，多不进行定干。

（二）追肥灌水与树盘覆盖

定植当年，发芽前要追施一次速效性氮肥（尿素或磷酸二铵 50~100 克）。追肥后立即浇水、整平，每树盘覆盖 1 平方米地膜。5 月底至 6 月初，用带尖的木棍，在离树干 30 厘米左右处，于不同方位将地膜捅 3~4 个深 10 厘米的洞，每洞内施入 50 克左右尿素，或 100 克果树专用肥。然后用泥土把孔洞封住。追肥后，在地膜上再浇一次水，水随孔洞下渗。6 月中下旬，用麦秸覆盖树盘。8 月份追一次肥，全年不揭地膜，秋天不再追肥、浇水。翌年早春，揭去残膜，将草翻入树盘，追肥、浇水，进行常规管理。

（三）抹芽与疏梢

4 月下旬，套袋的枝干发芽展叶后，要剪开塑料袋一角

第二章 苹果果园建立

放风,以免嫩叶日灼,10天后,将塑膜袋顶部完全剪开,并开口到1/2处,向下翻卷到树干下部,原绑绳不解,喇叭口朝下,防止害虫上树危害。6~9月,每隔20天左右检查一遍新梢生长情况,调整方位、角度和长势,在尽量保留梢叶的前提下,适量疏除过密新梢。

(四)补栽和间作

建园时应预留一部分苗木假植园内,翌春以此大苗补植,保证品种一致、大小整齐。间作以豆科作物为主,留出足够的树盘,不间作高秆作物,有水浇条件的果园提倡间种绿肥。

第三节 苗木出圃与贮运

苗木出圃是果树育苗工作中的最后一个环节,出圃工作与苗木的质量和栽植成活率有直接的关系。秋末冬初对圃内的苗木进行调查,核对苗木的品种、数量、准备包装材料和运输工具,确定临时假植和越冬的场所,作好出圃的准备。

一、苗木的分级

苹果苗木分为3级(表2-3)。1级、2级苗为合格苗,可以出圃栽培;3级苗为弱苗或称等外苗,不能直接出圃栽植,应留在苗圃内继续培育;其他一些在起苗时严重受损伤或没有培养前途的苗木,在选苗分级时应剔除。果树合格苗木的基本条件是:品种纯正,砧木类型正确;地上部枝条健壮、充实,具有一定的高度、粗度,芽体饱满;根系发达,须根多,断根少;无严重的病虫害及机械损伤;嫁接苗的接合部位愈合良好。

表 2-3 苹果苗木等级规格指标（GB 9847—2003）

项目		1级	2级	3级
基本要求		品种和砧木类型纯正，无检疫对象和严重病虫害，无冻害和明显的机械损伤，侧根分布均匀舒展、须根多，结合部和砧桩剪口愈合良好，根和茎无干缩皱皮		
$D \geqslant 0.3$ 厘米、$L \geqslant 20$ 厘米的侧根①/条		≥5	≥4	≥3
$D \geqslant 0.3$ 厘米、$L \geqslant 20$ 厘米的侧根②/条		≥10		
根砧长度 /厘米	乔化砧苹果苗	≤5		
	矮化中间砧苹果苗	≤5		
	矮化自根砧苹果苗	15~20，但同一批苹果苗木变幅不得超过 5		
中间砧长度/厘米		20~30，但同一批苹果苗木变幅不得超过 5		
苗木高度/厘米		≥120	100~120	80~100
苗木粗度 /厘米	乔化砧苹果苗	≥1.2	≥1.0	≥0.8
	矮化中间砧苹果苗	≥1.2	≥1.0	≥0.8
	矮化自根砧苹果苗	≥1.0	≥0.8	≥0.6
倾斜度/（°）		≤15		
整形带饱满芽数/个		≥10		≥6

①包括乔化砧苹果苗和矮化中间砧苹果苗。
②指矮化自根砧苹果苗。
注：D 指粗度；L 指长度。

第二章 苹果果园建立

二、苗木的出圃方法

(一) 出圃前的准备

出圃前的准备工作和出圃技术直接影响苗木的质量、定植后成活率以及幼树的生长。

(1) 苗木质量的评估　苗木质量的优劣,不仅体现了育苗工作的成效,而且影响定植质量,因此,起苗前需对苗木质量进行评估,这是苗木出圃前的准备工作之一。为了确切评估苗木的产量和质量,许多国家都制定了苗木质量标准。我国及各省也制定了相关苗木的出圃标准,用以评估苗木质量。

(2) 苗木调查　苗木调查是为了掌握苗木的数量和质量,对苗木品种、各级苗木数量进行核对、调查或抽查。苗木调查一般是在苗木出圃前进行。苹果苗木在秋季停止生长至落叶之前进行为宜。

(3) 制订苗木出圃计划　根据苗木的调查结果以及用户订购苗木情况制订苗木出圃计划,确定供应单位、数量、运输方法等,并与购苗单位和运输部门密切联系,保证及时装运、转运,以便尽量缩短运输时间,保证苗木质量。

(4) 制定苗木出圃操作规程　苗木出圃操作技术规程主要包括起苗方法和技术要求、苗木分级标准、苗木检疫和消毒方法及要求、苗木包装方式及技术要求、包装材料及质量要求等。

(二) 起苗的时期

(1) 秋季起苗　在新梢停止生长并已充分木质化、顶芽形成并开始落叶时进行。秋季起苗,既可避免苗木冬季在田间受冻及被畜类危害,又有利于根系伤口的愈合,对提高苗木栽植成活率和第二年幼树生长有明显的好处。此外,秋季起苗结合苗圃秋耕,还有利于改良土壤和消灭病虫害。起苗早的地块,如果条件允许可以播种绿肥,提高土壤肥力。秋季起苗的苗木,在冬季温暖的地区,可在起苗后及时栽植;在冬季严寒的地区,需先进行假植越冬,到第二年春季萌芽以前栽植。

(2)春季起苗　通常在春季苗木萌芽之前进行。如果芽萌动后再起苗,会降低苗木栽植成活率。春季起苗,可省去假植或贮藏等工序。但在冬季严寒、苗木露地越冬容易受冻的地区,不宜在春季起苗。

(三)起苗的方法

(1)人工起苗　先在行间靠近苗木的一侧,距离苗木25厘米左右处顺行开沟,再在沟壁下侧挖斜槽,并根据起苗要求的深度切断根系,然后将铁锹插入苗木的另一侧,将苗木推倒在沟中,即可取出苗木。取苗时,不能用力过猛或勉强拔出苗木,以免损伤苗木的侧根和须根。取出苗木时不要抖掉根部的泥土,只需轻轻放置在沟边即可。苗木若需远距离运输必须蘸泥浆保护根系。

(2)机械起苗　机械起苗,能提高工作效率,减轻劳动强度,降低生产成本,起苗的质量也好,适于大型苗圃场采用。

三、苗木的检疫与消毒

(一)苗木的检疫

(1)苗木检疫的作用和意义　果树苗木检疫,是国家

第二章 苹果果园建立

以法律手段和行政措施，防止人为传播危险性病、虫、草害等的一项重要措施。许多有害生物，包括各种植物病原物以及有关的传病媒介、植食性昆虫、螨类和软体动物、对植物有害的杂草等，可以通过各种人为因素（特别是通过调运种苗等途径）进行远距离传播和大范围扩散。这些有害生物一旦传入新的地区，如果条件适宜，就能生殖繁衍，甚至造成严重危害，后患无穷。

（2）检疫对象 检疫对象是指国家规定禁止从国外传入和在国内传播并且必须采取检疫措施的病、虫、草害，以及可能感染这类病、虫、草害的植物等的名单。国际上有共同的检疫对象，各国还有自定的检疫对象。苹果苗木检疫病虫害主要有地中海实蝇、美国白蛾、苹果蠹蛾、苹果实蝇等。

检疫法规定应实施检疫的植物材料和物品包括植物（苗木）、植物产品（种子、果实、枝条等）、运载工具以及包装铺垫材料等。

从国外引种或国内地区间调运种苗和繁殖材料，须事先提出引种或调运计划和检疫要求，报主管部门审批后，持审批单和检验单到检疫部门检验，确认无检疫对象的，发给检疫合格证，准予引进或调出。

（3）检疫措施 包括划分疫区和保护区、建立无检疫对象的种苗繁育基地、产地检疫、调运检疫、邮寄物品检疫，从国外引种苗木等繁殖材料时的审批，引进后的隔离试种检疫。

检疫时如发现检疫对象，应及时划出疫区，封锁销毁苗木，并及时采取措施对包装、运输工具等进行消毒、熏蒸、灭菌，以消除检疫对象。对于没有发现检疫对象的苗木，应发放检疫证书，准予运输。

（二）苗木的消毒

苗木挖起后，经选苗、分级、检疫检验，除对有检疫对象的苗木，按国家植物检疫法、植物检疫双边协定和贸易合同条款等规定进行消毒、灭虫或销毁处理外，对其他苗木也应进行消毒灭虫处理。在生产上常用的消毒方法有：

（1）石硫合剂消毒 用3~5波美度石硫合剂喷洒或浸苗10~20分钟，再用清水冲洗干净。

（2）波尔多液消毒 用等量式100倍波尔多液浸苗木10~20分钟，再用清水冲洗根部1次。

（3）硫酸铜水消毒 用0.1%~1.0%的硫酸铜溶液处理5分钟，然后再将其浸在清水中洗净。此药主要用于休眠期苗木根系的消毒，不宜用作全株苗木消毒。

（4）熏蒸法 运用氰酸气熏蒸消毒。熏蒸前关闭门窗，每1000m^3容积的贮苗库备水900毫升，缓慢加入450克硫酸，再加入300克氰酸钾，熏蒸1小时。操作人员事先要做好防护措施，迅速兑药并撤离，开窗充分换气后才可进入贮苗库。

四、苗木的贮运

（一）苗木的包装

起苗后，苗木根系如果长时间暴露在阳光下，或被风长时间吹袭，会降低苗木栽植成活率，影响苗木栽植后的生长。为了使出圃苗木的根系在挖起后不致失水和被折断，并保护苗木的树体（特别是嫁接苗）不受机械损伤，在苗

第二章 苹果果园建立

木挖起后至运输前，必须根据具体情况，对其进行适当包装。

（1）长距离（时间在1天以上）运输　国内各地苗木调运时，包装材料可就地取材，一般以价廉、质轻、坚韧并能吸水保湿，但不迅速霉烂、发热破散的为好，如草帘、草袋、蒲包、谷草束等，填充物可用碎稻草、锯末、苔藓等。绑缚材料可用草绳、麻绳等。包装小苗时，将苗木根对根摆放在草帘上，苗根之间放一些湿润的填充物，然后捆好成包。大苗包装时根系则向同一侧，用草帘把根包住，内部填加湿润的填充物，包裹之后用草绳或麻绳捆绑。用谷草束包装时，先将浸过水的谷草束向四周均匀分开平放在地上呈圆盘状，再把湿润的填充物铺在草盘中央，将成捆的苗木立放在中间，然后把四周湿谷草包裹上来，并用绳子捆绑好。每包苗木的株数依苗木大小而定，通常50～100株为一包。包装好后挂上标签注明品种、数量和等级等。

跨境调运苗木时，包装要求更加精细，并且必须符合运输条件的要求，一般需要装箱包装。具体方法是：在已制好的木箱或瓦楞纸箱内，先在箱底和四周铺塑料膜，并在塑料薄膜上铺一层湿润的填充物，如蛭石、珍珠岩等，再将苗木分层摆好，苗根之间放一些湿润的填充物和薄膜，即可封箱。空运条件下，如果运输时间较短，可将苗木装入塑料薄膜袋中（苗根之间加保温物），再装入纸箱待运。装箱工作完成后，按要求挂标签，或在纸箱上注明品种、砧木类型、等级、数量以及苗圃名称等。

（2）短距离（如1天以内）运输　把苗木散放在篓筐

或木箱中，在筐（箱）底部铺塑料薄膜并放一层湿润物，再将苗木分层平放或立放在铺垫物上，并在根间填充湿润填充物，将筐（箱）装满，最后在苗木上放一层湿润物。

（3）容器苗运输前的包装　有些容器如营养钵、纸袋和稻草泥浆杯等，不抗压，不抗挤，易松散。因此，运输前需要进行单株包装，再装筐或装箱运输。有些容器，如塑料薄膜袋、硬质聚乙烯塑料杯等，一般比较抗压、抗挤，也不易松散，可以直接装筐或装箱运输。

目前，国内外广泛使用聚乙烯塑料薄膜袋进行苗木包装。该方法不仅可以减少苗木体内水分散失，有利于栽后成活和幼苗生长，还可以减轻苗木包装重量，缩小包装体积，更便于运输。但应注意，用塑料袋包装的苗木不能在阳光下直接暴晒，以免灼伤苗木。

（二）苗木的运输

运输苗木时，为了防止苗木失水，最好用湿润的草帘、麻袋或塑料薄膜等盖在苗木上，如果运输时间长，在途中要勤检查包装内的温度和湿度。如发现温度过高，应将包装打开通风，并更换填充物以防损伤苗木；如发现湿度不够，可适当喷水。为了缩短运输时间，最好选用速度快的运输工具。苗木到达目的地后，应立即将苗木进行假植，并充分浇水。如果运输时间长，苗木过分失水时，应苗木根部在清水中浸泡一昼夜后，再进行假植或定植。

（三）苗木的藏

（1）苗木假植　苗木假植是指起苗后定植前，为了防止因过分失水影响苗木质量，将其根部及部分植株用湿润的土壤或河沙进行暂时的埋植处理。假植分为临时假植和

第二章　苹果果园建立

越冬假植。因苗木不能及时外运或栽植，而进行的短期埋植护根处理，称为临时假植。因其时间较短，也称之为短期假植。苗木挖起后，进行埋植越冬，第二年春季外运或定植的假植，叫越冬假植，也称为长期假植。

假植区应选择在避风、高燥、平坦的地点，最好接近苗圃干道；不宜选用低洼积水地，以防冬季冻害及引起伤口、苗干下部和根系的腐烂。

临时假植可挖浅沟，一般深、宽各30~40厘米，将苗木成束排列在沟壁上，再用湿润的土壤，将其根部及部分植株埋在地面以下。越冬假植时，假植沟的深、宽根据苗木大小而定，沟深一般为50~80厘米，沟宽100厘米左右，沟长视苗木数量而定。最好南北方向开沟，苗木向南倾斜，单株排列，根部用湿润清洁的河沙或沙土填充。嫁接苗培土高度应达到苗高的1/3，严寒地区要求培土达到定干高度（70厘米以上）。实生苗一般较矮小，可全部埋入沙土。沟面应覆土高出地面10~15厘米，以利于排水。假植时，应分次覆土，以便使根系和土壤充分接触。土壤干燥时，还应适量浇水，以免根系受冻或干旱。

假植苗按不同品种、砧木、级别等，分开假植，严防混乱。苗木假植后，对假植沟编号，并插立标牌，写明品种、砧木、级别、数量、假植日期等。同时，还应绘制假植图，以便标牌遗失时可以查对。在假植区的周围，设置排水沟，排出雨水及雪水，同时还应注意防畜、鼠危害。

（2）苗木防冻　在严寒地区假植苗木，或者假植耐寒性差的苗木，防冻是保护假植苗木安全越冬的一项措施。常用的防冻方法有：埋土防冻、风障防冻、覆草防冻以及地窖、室内和塑料大棚防冻等。具体操作时，可根据当地气候、苗木特性选择使用。

(3) 苗木贮藏　苗木贮藏的目的，是为了更好地保护苗木，推迟苗木发芽期，延长栽植或销售时间。苗木贮藏的条件，要求温度控制在0～3℃，因为该温度条件适于苗木休眠，而不适于腐烂病菌的繁殖；空气相对湿度为85%以上，并有通气条件。可利用冷藏室、冷藏库、冰窖、地下室和地窖等进行贮藏。只要能控制好上述条件，不论哪种方法，均能起到良好的效果。如在温度为0.5～1.1℃、空气相对湿度为97%～100%的条件下，苗木可贮藏半年而不影响栽植成活率。

第三章 肥水管理

第一节 熟悉肥料种类与特点

生产中常用的肥料种类可分为有机肥料和无机肥料。

一、有机肥料

有机肥料是指含有大量有机物质的肥料，俗称农家肥。有机肥料主要包括：人粪尿肥、家畜粪尿肥、堆肥、沤肥、绿肥、饼肥、垃圾肥等。目前市场上还有工厂化生产的各种有机肥，一般分为三类：一是精制有机肥料类，不含有特定效应的微生物，以提供有机质和少量养分为主，如家畜粪尿经过加工后出售的有机肥；二是有机无机复混肥，既含有一定比例的有机肥，又含有较高的养分。三是生物有机肥料，除了含有较多的有机质外，还含有激活土壤中养分或提高肥料利用率的特定微生物。

有机肥具有来源广，数量多，养分全面，肥效期长，改土培肥等优点，施用有机肥能提高土壤有机质含量，培肥地力，提高化肥肥效，提高产量，改善品质，并提高果树抗性。我国土壤有机质含量偏低，多数果树都在1%以下，而国外果园有机质含量达2%以上，甚至达到5%左右。

所以应重视有机肥的施用,但应禁止使用未经无害化处理的城市垃圾或含有重金属、橡胶和有害物质的有机肥料。现介绍生产中主要有机肥及其特点。

(一)粪尿肥

粪尿肥主要包括人粪尿和畜禽粪尿肥。近几年来,随着农业的发展,粪尿肥的施用越来越受重视,特别是养殖业的发展提供了更加广泛的粪尿肥源。

(1)人粪尿肥。人粪的主要成分有:水分占70%~80%,有机物质占20%左右,矿物质约占5%,还有少量易挥发有强烈臭味的粪臭质、大量微生物及寄生虫卵等。新鲜人粪尿一般呈中性。

人粪中含氮量最多,磷、钾较少。所以一般常把人粪尿当氮肥使用。人粪中的养分主要呈有机态,需经过分解腐熟后才能被植物吸收利用。人尿成分比较简单,其中70%~80%的氮素以尿素形态存在,因此,人尿分解快,肥效迅速。

人粪尿适宜在各类土壤上施用。由于人粪尿中有机质、磷、钾含量少,要注意与其他有机肥料和磷、钾肥配合施用,也可和其他材料沤制。

(2)畜禽粪尿肥。畜禽粪尿主要包括猪、牛、羊、鸡、鸭等的粪尿。各种家禽粪的主要成分见表3-1。

表3-1 新鲜畜禽粪尿中养分的含量(%)

种类	水分	有机质	N	P_2O_5	K_2O
鸡粪	50	25.5	1.63	1.54	0.85
牛粪	83	14.5	0.25	0.25	0.15

第三章 肥水管理

续表

种类	水分	有机质	N	P_2O_5	K_2O
猪粪	82	15.0	0.40	0.40	0.11
羊粪	65	28.0	0.65	0.50	0.25

除氮、磷、钾外，畜禽粪中还含有多种微量元素，包括镁、硫、铁、锰、锌、硼、铜等。

各种家禽粪尿肥中还含有微生物和寄生虫，所以需经沤制腐熟后方可施用。

（二）厩肥

厩肥是家畜粪尿和各种垫圈材料混合积制的有机肥料。

厩肥平均含有机质 25%，N 0.5%、P_2O_5 0.25%，K_2O 0.6%。新鲜厩肥中养分主要为有机态，植物不能直接吸收利用。由于新鲜厩肥中纤维素、木质素等化合物含量较高，C/N 比值大，施用后，容易造成微生物与果树生长争夺氮肥。因此新鲜厩肥一定要经过堆腐后施用。

（三）秸秆肥

各种作物秸秆含有丰富的营养物质，因此通过多种形式将秸秆进行直接还田或间接还田，不仅能改善土壤理化性状，还能为果树生长提供各种养分，并且来源广泛，所以在生产中被广泛应用。

秸秆肥在生产中多采用两种方式利用。一是直接利用，在秋季深翻施基肥时，将秸秆铡短，一般长度掌握在 5cm 左右，不超过 10cm，和其他有机肥料一起施入，但由于秸秆肥没有经过充分腐熟，易发生在腐熟过程中和果树争夺水分和氮素，所以一般直接施秸秆肥时应注意两点： 是要秋季早施,到第二年春季已基本腐烂;二是加入一定量的速效氮肥,以缓解和果树争肥争水的矛盾。再一种直接利用方式是用作物秸秆进行树盘覆盖,等腐烂后通过深耕翻入土壤,以增加土壤有机质含量。秸秆肥的另一种利用方式是将秸秆堆制成堆肥,由于其进行了堆制过程,多数纤维素类物质分解,一般呈黑褐色泥状物,用作基肥效果好。

(四)堆肥

主要是以秸秆、杂草、落叶等为主要原料,混合一定数量的泥土,再配合一定量含氮丰富的有机物(人、畜、禽粪尿)按一定方法积制而成的有机肥料。在堆制过程中,如果混入泥土较多,堆腐过程中温度变化小,需较长时间才能腐熟,适用于常年积制;泥土混入少,堆腐过程中温度有明显的升温阶段,腐熟快,并利用高温杀灭病菌、虫卵和杂草种子,所以肥效较混入泥土多的要好。

(五)绿肥

绿肥是用作肥料的绿色植物体,是一种养分完全的生物肥源。由于绿肥种类多,适应性强,易栽培,并能提高土壤有机质含量,改良土壤,培肥地力,所以被广泛应用。在果树栽培中,绿肥一般结合生草制进行,即在果树行间种植绿肥植物,通过翻压、覆盖树盘等方法利用。也可利用绿肥搞养殖,形成一个良好的"果—畜—肥"的生态系统。

(六)生物肥料

生物肥料指微生物肥料,简称菌肥。含有大量有益微

第三章 肥水管理

生物，施入土壤后，或能固定空气中的氮素，或能活化土壤中的养分，改善植物的营养环境，或在微生物的生命活动过程中，产生活性物质，刺激植物生长。

根据其作用的不同，生物肥料可分为两种，一种是通过所含微生物的生命活动，增加果树营养的供应量，使果树营养水平改善，进而产量增加，这一类微生物肥料的代表品种是根瘤菌肥料。另一种是不仅能提高果树的营养水平，还能刺激植物生长，促进果树对营养元素的吸收，如解磷微生物肥料、光合细菌肥料等。

二、氮肥

氮肥的品种很多，根据氮肥中氮的形态，可将氮肥分为铵态氮肥、硝态氮肥、酰胺态氮肥和长效氮肥四种类型。

（一）铵态氮肥

铵态氮肥是指肥料中的氮素以铵离子或氨分子形态存在的氮肥。铵态氮肥有以下共同的特点：一是易溶于水，溶解后形成的 NH_4^+ 可以被果树直接吸收利用，是速效氮肥；二是施入土壤后，NH_4^+ 可以被土壤胶体吸附保存，逐步供给果树吸收利用，与硝态氮肥相比，移动性小，淋溶损失少，肥效长缓；三是在通气良好的条件下，易发生硝化作用，转变为硝态氮，便于果树吸收，也容易随水流失；四是在碱性环境中容易分解放出氨气，造成氮素损失。所以，贮运和施用时应注意，不能与碱性肥料混合施用，并注意深施覆土。

(1) 碳酸氢铵（NH_4HCO_3）。简称碳铵。含氮量17%左右，为白色细粒结晶，易溶于水。为速效氮肥，水溶液呈碱性。化学性质不稳定，常温下就能分解挥发，有强烈的氨臭味，故称"气肥"。

影响挥发的主要因素是温度和湿度。在常温下分解不显著，温度达到30℃时，5天分解达到68%，10天达到94%，碳铵中水分含量大于5%时，分解速度明显加快。挥发速度还与空气湿度、暴露面积有关，长期暴露在空气中，挥发更快，所以生产中要深施，一般采用沟施或穴施，施后立即覆土，以防氨气挥发，施后应及时浇水以提高肥效。

(2) 硫酸铵 [$(NH_4)_2SO_4$]。简称硫铵，含氮20%～21%，白色或略带颜色的结晶，易溶于水，吸湿性小，不易结块，理化性质稳定，便于贮藏、运输与施用。生产中可作基肥、追肥，也可作种肥。

(二) 硝态氮肥

肥料中氮素是以硝酸根（NO_3^-）形式存在的氮肥，如硝酸铵、硝酸钾、硝酸钠等，但生产中应用最多的是硝酸铵。硝态氮肥的共同特点：一是易溶于水，肥效迅速，是速效氮肥；二是施入土壤后，不易被土壤胶体吸附或固定，与铵态氮肥相比较，移动性大，易随水流失，所以不宜作基肥；三是在通气不良的情况下，硝酸根进行反硝化作用形成气态氮挥发损失；四是吸湿性强，易吸湿结块，受热易分解放出氧气，易燃易爆，贮运时应注意安全。

硝酸铵简称硝铵，含氮34%～35%，白色结晶。含铵态氮、硝态氮各半。化学性质为中性，吸湿性强，空气湿度大时能吸湿溶解成液体。容易结块，易燃易爆。受潮结块的硝铵可用木棍敲碎或用水溶化施用，切忌用铁锤锤击，以免发生爆炸。贮存时，严禁与易燃物放在一起。

第三章 肥水管理

生产中硝铵宜作追肥。过量追施硝铵或在雨季施用,由于土壤淋失,会增加土壤中亚硝酸盐含量,污染地下水。

(三) 酰胺态氮肥

凡是肥料中的氮素以酰胺态(—CONH$_2$)的形态存在的氮肥为酰胺态氮肥。我们常用的酰胺态氮肥主要是尿素,这是我国重点生产的高浓度氮肥。

尿素 [CO(NH$_2$)$_2$],含氮量46%,是目前固体氮肥中含氮量最高的肥料。吸湿性强,农用尿素常制成颗粒,外涂一层疏水物质,使吸湿性大大降低。尿素施入土壤后,以分子状态存在,少部分被作物吸收,少部分被土壤颗粒吸收,大部分水解成铵盐,所以尿素的施用类似铵态氮肥,应深施覆土,施在表层也会引起氮的挥发损失。

尿素在生产中一般作追肥和根外追肥。

(四) 长效氮肥

常用的氮肥都是速效肥料,施入土壤后,不能完全被果树吸收利用,常以不同的途径造成氮素损失。长效氮肥是指溶解度低或养分释放缓慢、肥效持久类氮肥。现介绍目前生产中常见的长效氮肥。

(1) 尿甲醛。又称尿素甲醛或甲醛尿素。由尿素与甲醛等有机物直接反应而制成的肥料。是研究最早、普遍使用的一种长效氮肥。尿甲醛的全氮含量为38%,为白色无味的粉状或粒状固体。尿甲醛作基肥可一次施入。由于它的养分释放缓慢,在早春施用时往往显得氮肥供应不足,应配合施用其他速效氮肥。尿甲醛施用在沙质土壤上有明显的后效。

(2) 包膜肥料。包膜肥料是在速效氮肥的颗粒表面涂上一层膜物质的肥料，包膜可减缓养分释放速度，有利于果树吸收和减少氮素损失。我国为了减少碳铵等肥料的挥发和提高其肥效，曾分别用钙镁磷肥、沥青、石蜡等材料包膜于碳铵颗粒肥表面，制成长效碳酸氢铵。沥青、石蜡包被碳酸氢铵是一种长效氮肥，包膜肥料施用10～12天见效，肥效持续50～60天，氮素的利用率可提高到75%；钙镁磷肥包被碳酸氢铵一种能显著抑制氨挥发和控制氮素释放速率的包膜肥料，这种包膜肥料含氮为14%～15%，含磷为3%～5%，其中80%属有效磷。在生产上一年一次性施入即可，既能节省劳力又能增产。但对早熟品种效果较差。

三、磷肥

磷肥种类很多，根据磷肥所含磷酸盐溶解度大小和肥效快慢，将磷肥分为水溶性磷肥、弱酸溶性磷肥和难溶性磷肥。

（一）水溶性磷肥

所含主要成分为水溶性磷酸一钙 $[Ca(H_2PO_4)_2]$ 的磷肥为水溶性磷肥。其中的磷易被果树吸收利用，肥效快，是速效性磷肥。但易被土壤中的钙、铁等固定，生成不溶性磷酸盐，使磷的有效性降低。水溶性磷肥包括普通过磷酸钙和重过磷酸钙。

（1）过磷酸钙。过磷酸钙简称普钙，是我国目前生产最多的一种化学磷肥，它由磷矿粉用酸处理制成，其有效磷（P_2O_5）含量为12%～18%。过磷酸钙是灰白色粉状或粒状的含磷化合物，呈酸性反应，具有腐蚀性。肥料易吸水

第三章 肥水管理

结块，其中磷酸一钙还会与硫酸铁等杂质发生化学反应，形成难溶性铁磷酸盐，这种作用称为磷酸的退化作用，温度越高，磷酸退化越快，因此在贮运过程中要注意防潮。

过磷酸钙施入土壤后，磷酸一钙除被果树吸收外，还和土壤中的铁、钙、镁等结合成不同溶解度的磷酸沉淀，这种作用是水溶性磷肥当季利用率低的主要原因之一。

过磷酸钙可作基肥和追肥。在施用时应尽可能减少其与土壤的接触面积，以防土壤对磷的吸附固定，增加过磷酸钙与果树根系接触的机会，将过磷酸钙相对集中施于根系密集的土层中，以提高其利用率。也可将一半的磷肥在秋季和有机肥混合施用，在花芽分化前另一半作追肥施用。和有机肥混合施用，可减少水溶性磷的化学固定作用，又能增强磷的溶解性，从而提高磷肥的利用率。

（2）重过磷酸钙。重过磷酸钙又称重钙，是一种高浓度的磷肥，含有效磷（P_2O_5）40%～50%，深灰色颗粒或粉末状，具有较强的吸湿性和腐蚀性，由于不含硫酸铁等盐类，吸湿后不会发生磷酸的退化作用。重过磷酸钙的施用方法与过磷酸钙相同。

（二）弱酸溶性磷肥

指含磷成分能够溶2%的枸橼酸或中性枸橼酸铵溶液中的磷肥。弱酸溶性磷肥的主要成分是磷酸氢钙，也称磷酸二钙（$CaHPO_4$）。包括钙镁磷肥、钢渣磷肥等。这里主要介绍钙镁磷肥。

钙镁磷肥为黑绿色、灰绿色或灰棕色粉末，呈碱性，有效磷（P_2O_5）含量14%～19%。除含磷外，还含有钙、镁、锰、铜等多种元素。

钙镁磷肥不溶于水，但能被根所分泌的弱酸逐步溶解。它们在土壤中移动性很小，不会流失。肥效较水溶性磷肥缓慢，但肥效时间长。其物理性质稳定，不吸湿、不结块、无腐蚀性，贮运和施用方便。

钙镁磷肥所含的磷必须经过溶解后才能被果树吸收利用，其转化速度受土壤 pH 值和石灰类物质含量影响较大。在酸性条件下，有助于其溶解释放，可提高磷肥的有效性；在石灰性土壤中，则会与土壤中的钙结合转变为难溶性磷酸盐，使磷有效性下降。因此钙镁磷肥适宜在酸性土壤中施用，在石灰性土壤中肥效不如过磷酸钙，但后效较长钙镁磷肥可以作基肥和追肥，以作基肥深施效果最好，追肥宜适当集中施用，且以早施为好。钙镁磷肥与有机肥料混合或堆沤后施用，可以减少土壤对磷的固定作用。

（三）难溶性磷肥

指主要成分既不溶于水，也不溶于弱酸，只能溶于强酸的磷肥。主要有磷矿粉、骨粉等。多数果树不能吸收利用这类磷肥，在酸性土壤上可缓慢地转化为弱酸溶性的磷酸盐被作物吸收，因此它的后效很长，但当季的肥效很差。在石灰性土壤中其肥效更差。

四、钾肥

（一）氯化钾

氯化钾为白色晶体，常因含少量钠、钙、镁、溴、硫等元素或其他杂质，而带有其他颜色。氯化钾含钾（K_2O）50%～60%，易溶于水，为速效肥。具有一定的吸湿性，长期贮存会结块。施入土壤后，容易被土壤保持，增加了

第三章 肥水管理

溶液中钾离子的浓度,易被果树吸收利用。

在生产中一般作基肥或追肥,有些果树施用氯化钾,因氯离子的作用,会使风味变苦,影响品质。

(二)硫酸钾

硫酸钾为白色晶体,含有杂质时常呈淡黄色。含有效钾(K_2O)50%~52%,易溶于水,属速效钾肥。吸湿性较小,不易结块,易为土壤保持,易被植物吸收。

硫酸钾可作基肥和追肥,在果树上应用广泛,但其价格较高,所以生产中如能用氯化钾则不用硫酸钾。

(三)草木灰

草木灰是植物燃烧后剩余的灰分,主要成分有钾、磷、钙、镁、铁等,不仅能供应钾,还能供应多种微量元素。不同作物的灰分成分差异较大,一般木灰含钾、磷、钙多,而草灰含硅多,磷、钾、钙略草木灰中的钾均为水溶性,为速效肥料,但易受雨水淋失,应避免露天存放。

草木灰可作基肥和追肥,也可作根外追肥,但不宜与铵态氮肥和腐熟有机肥混合施用,否则会造成氨气挥发。

五、复混肥料

复混肥料是指含有氮、磷、钾三要素中两种或两种以上养分的肥料。在复混肥料中除氮、磷、钾外,也可以含有一种或几种可表明含量的其他营养元素。复混肥料按其制造方法可分为三类。一是复合肥料,指用化学方法制成的复混肥料,如磷酸二铵;二是造粒型复混肥料,指用物理方法混成,再经工厂造粒而成;三是掺和型复混肥料,指用机械方法将粒径基本相同的基础肥料进行简单的干混而成。

复混肥料由于养分种类多,含量高,物理性状好,所以成本低,效益好。但复混肥料的不足,因为养分比例固定,不能适应苹果不同生长时期对养分的需要,也不能满足不同地区甚至不同地块的土壤实际的情况。因此必须弄清土壤情况和果树生长特点,配制适宜的复混肥料品种,再进一步配合单一肥料的施用,才能取得良好的效果。

(一)磷酸铵

磷酸铵有一铵($NH_4H_2PO_4$)、二铵[$(NH_4)_2HPO_4$]和三铵[$(NH_4)_3PO_4$]三种,三铵性质不稳定。国产磷酸铵实际上是一铵和二铵的混合物(含N14%~18%、含$P_2O_5$46%~50%),进口二铵含N16%~18%,含$P_2O_5$46%~48%。

磷酸铵为灰白色或灰黑色颗粒,不吸湿,不结块,易溶于水,中性反应,性质稳定。所含氮、磷养分都是有效的。由于氮少磷多,对需氮较多的可适当补充氮素。

磷酸铵一般用作基肥,用作追肥时应提早施用。不能与碱性肥料混合施用。

(二)磷酸二氢钾

磷酸二氢钾成分为KH_2PO_4(0-52-35)。白色晶体,不易吸湿结块,易溶于水,酸性。由于价格过高,一般不采取土壤施肥,多用作根外追肥。

(三)硝酸磷肥

硝酸磷肥是用硝酸分解磷矿后加工制成的氮磷复混肥料,主要成分有$CaHPO_4$、$NH_4H_2PO_4$,$Ca(NO)_2$,一般含 N≥25%，含 P_2O_5≥10%。灰白色或深灰色颗粒，具有吸湿性，易结块。一般可用作基肥和追肥。

另外生产中还有很多造粒型复混肥料，有的称专用肥，如果树专用肥，它们是用单一肥料经过物理方法混合再经造粒加工而成，如常见的（10-10-10）果树专用肥，其氮、磷、钾含量平衡，适宜在花芽分化前、果实膨大期施用。

市场上还有有机无机复混肥，是由有机物（一般为腐殖酸类或畜禽发酵物等）与化学氮、磷、钾混合配制而成，一般为黑色或棕褐色颗粒，养分配比多样，一般作基肥使用。

第二节 科学与安全施肥

一、科学确定施肥时期

（一）如何确定苹果树的施肥时期

1. 根据果树的需肥时期及果树的营养状况

环境条件是既定因素，属于从属地位。施肥能否发挥作用，关键是果树植株本身的生理状态。如果树处于休眠期或因大量结果后，树体内严重缺乏生命活动物质（糖类等有机营养），或因某种原因根系受害，这时大量施肥，非但不能被吸收，反而有害。所以施肥时期必须依果树对肥料的需要而决定。

据试验研究证明，果树体内的营养分配，首先满足生命活动最旺盛的器官，即生长中心。随着果树生长物候期的进展，分配中心也随之转移。一般苹果植株的氮素营养可分为三个时期。

第一期从萌芽至新梢加速生长，可谓大量需氮期，此期氮的来源主要是树体内的贮藏氮，另外是果树根系从土壤中吸收的氮素，此期缺氮会影响到开花、坐果和新梢生长，应在加强前一年管理增加贮藏养分的基础上在早春施用氮肥，以满足苹果树开花、坐果和新梢生长的需要，但此期氮素过多，特别是花后氮素过多，又会造成新梢旺长，降低坐果，所以此期为氮肥的临界期。

第二期从新梢旺长高潮后至果实采收前为氮素营养稳定期。此期果树的全氮量明显下降，并处于低水平。在此期内，苹果树的各个物候期重叠，新梢生长、花芽分化、坐果、果实生长等，此期缺氮，不仅会影响当年的产量和品质，还会影响第二年的产量。通过分期追施氮肥的试验证明，在花芽分化前施用氮肥增产效果显著，是苹果施氮肥的最大效应期。

第三期从果实采收后到养分回流，此期根系再次生长，为吸收氮素营养贮备期，根系中全氮量明显回升，此期缺氮会影响果树贮藏营养水平，从而影响第二年的生长，所以在果实采收后应适量补充氮素，以缓解因结果造成的养分损失，但此期氮肥不能过多，过多施氮肥会引起秋季旺长，甚至造成不能正常进入休眠，反而影响果树贮藏营养的提高，并且会降低果树的抗性，在冬季容易受冻。

苹果树生长一般在每年的中后期需磷较多，施磷时期应适当推后，追施磷肥应在花芽分化期进行。

第三章 肥水管理

2. 根据土壤中营养元素和水分变化规律

清耕果园一般春季土壤含氮素较少，夏季有所增加；钾素含量与氮素相似；磷的含量则不同，春季多，夏季少。

同一季节不同田块土壤养分含量也不相同。另外土壤营养物质含量与间作物种类和土壤管理制度等有关。如间作豆类作物，春季氮素减少，夏季由于根瘤菌固氮的作用加强，氮含量增加。

土壤含水量与发挥肥效有关。土壤水分亏缺，施肥有害而无利。因肥分浓度过高，果树不能吸收利用而遭毒害。积水或多雨地区肥分淋失严重，降低肥料利用率。因此施肥应根据当地土壤水分变化规律或结合灌水施肥。

3. 根据肥料的性质和作用

肥料性质不同，施肥时期也不同。易流失挥发的速效肥料或施后易被土壤固定的肥料，如碳酸氢铵、过磷酸钙等在果树需肥期稍前施入；迟效性肥料，如有机肥等，因需腐烂分解、矿化后才能被果树吸收利用，故应提前施入。同一种肥料因施用期不同，肥效也有差异。因此，确定施肥时期，应结合果树种类、品种和营养吸收特点，土壤供肥情况及气候条件等综合考虑，才能收到良好的效果。

（二）基肥施肥时期

施基肥的时期最好是秋季，其次是落叶至封冻前。因为秋季施基肥能有充分的时间腐熟和供果树在休眠前吸收利用，加强光合作用，增加贮藏养分。同时这时正值苹果树根系生长高峰，伤根容易愈合，并能生长新根。根的吸收能力强，可以增加树体的营养贮备，有利于花芽发育充实及满足春季发芽、开花、新梢生长的需要。落叶后和春季发芽前施基肥，对果树春季萌芽抽梢和开花坐果的作用很小，甚至由于有机肥的分解腐熟需要速效养分，还要与果树争夺养分，所以如果在落叶后和春季发芽前施基肥，一定要施经过充分腐熟的有机肥，同时增加春季追肥的量。

施用有机肥一般结合果树深翻进行，施有机肥后要浇水，但是在旱地果园，缺乏水浇条件，也可在雨季进行，尽管没有秋季施有机肥好，但施了总比不施好，所以旱地果园可在雨季进行，同时在雨季进行压绿肥，以提高土壤有机质含量。

（三）追肥时期

追肥又叫补肥。在施基肥的基础上，根据果树各物候期需肥特点，在生长季分期施用速效肥，以满足果树不同时期对养分的需求称为追肥。成年苹果树的追肥一般有以下几个时期：

1. 花前追肥

萌芽开花需要消耗大量的营养物质，但早春土温较低，吸收根发生少，吸收能力差，主要消耗树体的贮藏营养。若树体营养水平低，此期氮素供应不足，会导致大量落花落果，并影响新梢生长。在早春萌芽前1~2周追施速效性氮肥，能起到促进萌芽和新梢生长的作用。对弱树、结果过多的树，追施氮肥可使萌芽、开花整齐，提高坐果率，促进新梢生长。若树势强旺，基肥数量又较充足，不宜在花前施肥。

2. 花后追肥

又称稳果肥。即在落花后坐果期追施，这时正值幼果

第三章 肥水管理

和新梢迅速生长期，二者在养分需要方面易发生矛盾，是果树需肥的临界期。因此应及时追施速效性氮肥，对提高坐果率，促进幼果发育，减少生理落果，促进新梢生长都有明显的作用。但这次追肥必须根据品种特性，看树施肥。若施用氮肥过多，往往会导致新梢生长过旺，造成养分分配中心转移到以营养生长为中心，加剧幼果因营养不足而脱落。

3. 花芽分化和果实膨大期追肥

这次追肥一般是在生理落果以后至果实开始迅速膨大期追肥。以氮、磷、钾平衡施肥，能提高光合效能，促使养分积累，加速幼果膨大，提高产量和品质。这时苹果树多数新梢已停止生长，花芽开始分化，及时追肥，为花芽分化提供充足的营养。这次追肥既保证当年的产量和品质，又为第二年结果打下基础，对克服大小年结果现象也有良好的作用，为施肥的最大效应期。

4. 果实生长后期追肥

这次追肥是在果实开始着色至果实采收进行。主要是解决果树大量结果造成树体营养物质亏缺和花芽分化、养分积累的矛盾。及时追施氮、磷、钾比例适宜的肥料，可使果实增大，提高产量和品质，并有利于花芽的发育。特别是追施钾肥，有利于果实着色和增加含糖量，改善果实品质。

这次追肥，还可以使苹果树延长叶片寿命和衰老，加深叶色提高光合作用效能，有利于枝芽充实及增加树体营养积累，提高树体营养水平。但这次施用氮肥过多，导致树体旺长，特别是增强秋梢旺长，影响果实着色，导致苦痘病等生理病害发生，甚至会导致苹果树不能正常落叶，导致养分损失。所以一定要按果树生长情况合理确定每种元素的施用量。

（四）追肥时期的综合运用

合理确定果树追肥时期，要根据苹果树的树龄、生长和结果情况确定，不能一概而论。

1. 幼旺树

对于幼旺树，宜于春梢停长期（5月底至6月初），追施少量氮肥和适量磷、钾肥，有利于抑制旺长，促进成花、结果。

2. 初结果树

初结果树，宜于开花前（4月上中旬）和花芽分化前（6月上中旬）追施适量氮肥和较多磷、钾肥，以利成花、坐果和增大果个。

3. 盛果期树

盛果期树应根据树势和结果情况确定。

（1）生长中庸的"大"年树的施肥。生长中庸的"大"年树，首先应重施果实膨大和花芽分化肥，这次施肥应施入氮肥全年施氮量的50%，甚至以上，磷肥一般在50%以上，也可在此期一次性施入，钾肥可占到全年施钾量的50%。对于生长强旺，前一年基肥数量充足的苹果树，可不追施花前肥，对弱树一定要施好花前肥。花后肥一般针对花量较大的"大"年树，对"小"年树可不施，这两次施肥量一般掌握在全年施氮量的20%～25%。果实生长后期追肥一般以钾肥为主，一般施入钾肥全年用量的50%，

第三章　肥水管理

同时施入剩下的磷肥和氮肥。

（2）生长较弱的"大"树，春季施肥可在花后春梢旺长前施入氮肥（25%）和适量的钾肥，可提高坐果率，促进春梢生长和成花，有利于恢复树势。

（3）对生长强旺，前一年基肥数量充足的苹果树，可不追施花前肥，而在花芽分化前施肥，同时后期施肥应不施或少施氮肥。

（4）"小"年树的施肥。对于"小"年树，应重点施好花前肥，以提高坐果率。以后根据树体的营养状况，酌情追肥。

（5）施用复合肥或果树专用肥，应根据果树的不同发育阶段，开发不同的复合肥或果树专用肥。一般前期（花前花后肥），应开发高氮低磷、钾并加有钙、锌等微量元素的复合肥，而在果实膨大及花芽分化期，则应开发氮、磷、钾平衡，并加有铁等微量元素的复合肥。果实生长后期则应开发高钾、低氮、中磷复合肥。

二、科学确定施肥量

确定苹果树的施肥量是一项较复杂的工作，从理论上说，在年周期内，苹果形成目标产量所需要的营养的总量，减去土壤能够提供的养分数量就是应有的施肥量。但是，在实际生产中，施肥量会因品种、砧木、树势、生长结果情况、土壤条件及肥料的利用率等而有不同。在生产中应综合各方面的因素，合理确定施肥量，以达到丰产、优质、高效的目标。

(一) 如何确定施肥量

要做到合理施肥，必须因树、因时、因肥料状况、因地制宜，做到以果定产，以产定施肥量。具体说，要根据以下几点判断树体的营养盈亏，确定施肥量。

1. 树相诊断

一般说，树体外观形态（树相），反映树体营养状况。如苹果叶色发黄，说明营养较差，树势较弱；反之叶色浓绿，说明营养充足，树势较强。

生产中也可根据长枝长度和比例确定树势情况（树势判断见修剪部分），树势中庸者，说明施肥量适宜，而树势偏弱者，应增加氮肥施用量，树势强旺者应适当减少氮肥施用量。

2. 经验施肥

深入生产实际，对各类果园的施肥种类、施肥量进行广泛调查，并结合果树生长结果情况，如树势、产量、品质、大小年结果情况等进行综合分析比较，以确定既能保证树势强壮，又能获得丰产、优质的施肥量。然后通过生长实践，不断加以调整，使施肥量更符合实际需要。这种方法比较简单易行，切合实际，能起到较好的指导作用。

3. 土壤状况

我国苹果栽植面积大，土壤类型多，土质及肥力不尽相同，必须因地制宜，才能达到理想的效果。土层深厚，有机质含量高，保肥力强的果园，追施氮肥应量少、次少；相反，沙地、瘠薄地，保肥力差，肥料易流失，肥效期短，追施氮肥应勤施、少施，但总重多。

第三章 肥水管理

4. 土壤分析

从果园里按要求取样，经过处理后测定土壤质地、有机质含量、酸碱度和氮、磷、钾、钙等元素的含量。依据数据分析结果，对照果园的相应参数，判断得出一系列数据，作为确定施肥量的依据。

5. 叶分析

分析苹果新梢一定部位的叶片营养元素含量，能判断出树体的营养水平，元素丰欠，了解树体对某种肥料吸收利用的情况，诊断肥料养分的过量和不足。采样方法是：在计划进行叶分析的果园，于7～8月份，新梢已经停止生长，叶内各种元素含量变化小时，采叶分析。采叶时，应选择有代表性、生长结果正常的树5～10株，每株树采10片叶（树冠外围东西南北四个方位的叶片），混合样不少于100片。用洗涤剂和自来水、无离子水将叶上污物冲去，放通风干燥处阴干后，送分析单位测试。然后对照标准值，判断树体内营养状况，并据此提出相应的施肥建议。据有关分析，红富士苹果树叶片含氮量一般在2.2%～2.95%，标准量为2.5%～2.6%。若氮含量在2.0%～2.2%，则为氮素不足，2.0%以下，为缺氮状态，应及时补氮，若氮含量在2.6%以上，则为氮素过量，应控制施氮。

（二）经验施肥量介绍

1. 基肥施用量

基肥施用量，一般可根据树龄、产量目标进行确定。一般幼树株施有机肥15～25kg，初果期树25～150kg。盛果期树，目标产量为亩产1500～2000kg时，应按"斤果斤肥"的原则确定有机肥施用量；目标产量为 2500~3000kg 时，要求按"斤果斤半肥"的原则，确定有机肥施用量，即亩施有机肥 4000~4500kg；而亩产 4000kg 以上的丰产园，应按"斤果 2 斤肥"的原则确定有机肥施用量，即亩施优质有机肥 8000~10000kg 才能保证丰产优质。

2. 追肥量及各元素配比

（1）氮肥施用量。我国多数果园施氮偏多，树势偏旺，成花少，产量低。施用纯氮量，一般根据植株大小，幼龄苹果树株施 0.2~0.3kg，初果期树株施 0.3~0.6kg，盛果期树应根据果实产量确定施肥量，亩产 2500kg 以上时，一般每生产 50kg 果实施纯氮 0.4~0.5kg 较好。氮肥施用量过多，往往降低果实品质，引起旺长，不利成花。

（2）磷、钾肥施用量与元素配比。试验证明，在缺磷土壤施用磷肥，对丰产优质有较大影响，一般磷肥施用量（按有效成分计）为氮肥施用量的 50％较适宜。施钾肥有利于成花，施钾后，表现为中短枝多，产量高，品质好。一般钾肥施用量（按有效成分计）可等于或高于氮肥施用量。

由于各地土壤条件不同，所以氮、磷、钾的配比也存在差异。

苹果不同年龄时期，要求的氮、磷、钾配比也不相同。据报道，幼树按氮、磷、钾比 2∶2∶1 的比例，确定磷、钾肥的施用量，盛果期树按氮、磷、钾比 2∶1∶2 比例确定磷、钾肥施用量。

第三章 肥水管理

三、科学确定施肥方法

（一）土壤施肥

1. 基肥施用方法

施用基肥一般结合深翻进行。完成深翻后一般采用以下施肥方法。

（1）环状施肥法。在树冠投影外缘稍远处，挖一环状沟，宽30～50cm，深40～60cm，将肥料与土壤混合施入环状沟内，覆土填平，沟上部可填心土。有条件的地方在填平后应进行浇水。此法多在幼树期采用，方法简便，用肥集中经济。

（2）放射沟施肥法。在树冠下从距树干80～100cm处开始向外至树冠外缘挖4～8条里浅外深的放射状沟，沟宽30cm左右，深20～40cm，沟的形状最好是内窄外宽，内浅外深，这样伤根少。沟挖好后将肥料与土壤混合施入沟内，覆土填平。此法多用于成年树施肥，伤根较环状沟少，而且可隔年更换施肥部位，扩大施肥面，以利根系吸收。

（3）条沟施肥。在树冠边缘稍外的地方，相对两面各挖一条深40～60cm，宽40cm的施肥沟，土壤和肥料混合后施入有机肥。第二年改为另外相对的两面开沟施肥。

（4）全园撒施。成年果园或密植果园，树冠相连，根系已布满全园，施基肥可用全园撒的方法。先将肥料均匀撒于园中，然后翻入土内，深20～30cm。

2. 追肥的方法

（1）浅沟法。在苹果根系密集区，挖10cm左右深的放射沟或环状沟等，将肥料均匀撒入沟中，量大时要与土拌匀，切忌过分集中或大块填入，以免造成肥害。然后填平施肥沟。施肥后应进行浇水，以利化肥溶解吸收。

（2）穴施。在树盘内挖6～12个施肥穴，将追肥施入，施后埋土，进行浇水。此法省工省时，操作简便，适宜尿素等氮肥应用。

（3）随灌溉施肥。将肥料溶于水中，或将液体肥料随渠水灌于树下，或通过喷灌、滴灌和渗灌系统，将肥料喷、滴、渗到树下。应用时应注意溶液浓度，以免灼根。此法简单易行，节省劳力，能充分发挥肥效。

（二）根外追肥

也叫叶面喷肥，是苹果生产中一种辅助性的施肥措施。即将所需要的肥料配成适当浓度的水溶液喷布到叶上，使之通过气孔和角质层进入叶内。一般喷后15min到2h即可被叶片吸收。此法的优点是肥料用量少，吸收速度快，可及时满足果树对养分的需要，又可避免某些元素（如磷、钾、铁、锌、硼等）在土壤中的固定损失，提高利用率。在干旱没有灌溉条件的地方，进行根外追肥能节约用水。此外，叶面追肥还可结合喷药进行，能节省劳动力。但叶面喷肥不能代替土壤施肥，另能作为土壤施肥的补充方法。

根外追肥的适温为18～25℃，叶面湿度大时吸收快，所以根外追肥最好选择无风阴天或晴天上午10点前下午4点后进行喷施，以免气温高，溶液很快浓缩而影响吸收，甚至导致叶片受害。

根外追肥的肥料浓度见表3-2。

第三章 肥水管理

表 3-2 根外追肥的肥料浓度

肥料名称	浓度（%）	时间（月）
尿素（N）	0.3～0.5	5～10
硝酸铵（N）	0.1～0.3	5～10
硫酸铵（N）	0.1～0.3	5～10
尿素（N）	0.3～0.5	5～10
过磷酸钙（P）	1.0～3.0	5～10
氯化钾（K）	0.3	5～9
硫酸钾（K）	0.5～1.0	5～9
草木灰（K、P）	1.0～6.0	5～9
磷酸二氢钾（K、P）	0.2～0.3	5～9
硼砂（B）	0.1～0.3	4～9
硼酸（B）	0.1～0.5	4～9
硫酸亚铁（Fe）	0.1～0.4	4～9

063

续表

肥料名称	浓度（%）	时间（月）
硫酸锌（Zn）	0.1~0.4	萌芽后
硫酸锌（Zn）	1.0~5.0	萌芽前

（三）地膜覆盖穴贮肥水技术

苹果树萌芽前，在树冠外缘投影内 0.3~0.5cm 处，均匀挖 6~8 个深 50cm，直径 40cm 左右的小穴。用作物秸秆或杂草绑成长 35cm，粗 30cm 左右的草把，用化肥水浸泡透后，垂直埋入穴中，在草把周围填入混有土杂肥和少量长效复合肥的土，回填到穴内草把周围，踏实并整平地面，草把顶部覆土 2~3cm，浇水 4~5kg，穴上面用地膜覆盖，四周压土，使其呈中间低四周高的锅底形，中间扎开一小孔，覆盖后的浇水施肥都在穴孔上进行，平时用石块压住，防止蒸发。以后根据天气情况或水源情况浇水，每次每穴浇水 4~5kg，追肥可结合浇水进行。两年后，再换个地方挖穴。

四、苹果营养缺乏症及其矫治

（一）钙缺乏症及其矫治

钙是苹果必需的营养元素，缺钙会导致果实收获期和贮藏期间许多生理失调症，如苦痘病、痘斑病、斑点病、水心病、虎皮病等。

果树根系对钙的吸收能力差，钙在树体内主要靠蒸腾

第三章 肥水管理

拉力进行被动运输，而果实的蒸腾强度远小于叶片，套袋果的蒸腾强度则更小，因此苹果套袋后极易患缺钙生理病害。近年来，苹果苦痘病发生有加重的趋势。

苹果果实钙积累分为两个阶段：第一阶段为细胞分裂期，时间短，果实中钙含量迅速增加；第二阶段为细胞膨大期，此时吸收钙以较慢速度进行。发现苹果果实在生长最初6周内可积累全钙的90%。不少研究认为生长后期钙不再或很少进入果实。苹果果实整个生育期钙处理均能提高贮藏期果实全钙量，但以幼果期处理钙增加更多。所以，喷施钙肥，应在幼果期进行，一般在花后30天内（果实套袋前）喷施3次钙肥较好。

缺钙引起的生理病害，不仅和钙含量有关，而且和氮有关，氮钙比失调会引起缺钙的生理病害。如果在7月份以前，偏施、多施氮肥，果实苦痘病发生严重。苦痘病多在果实成熟期和贮藏期发病，发病时果实先由果肉发生病变，果面出现凹陷和颜色较暗的病斑，斑下果肉坏死、干缩，深及果肉数毫米至1cm，随后变为深褐色至黑褐色，味苦。

生产管理中滥用环剥技术，使吸收钙的幼根呈饥饿状态而加速木栓化，严重抑制其正常生长和对钙的吸收，加剧了缺钙生理病害的发生。

防治缺钙引起的生理病害应控制过重修剪，防止树体旺长，少用或不用环剥技术。增施有机肥和钙肥，控制氮肥用量，使叶片中氮钙比达到2∶1，果实中氮钙比为10∶1为宜。

谢化后套袋前，结合喷药，喷3~4次0.5%的氯化钙溶液、0.5%的硝酸钙溶液、氨钙宝800倍液或氨基酸钙300倍液,以补充钙素。9月下旬,摘袋后结合喷药,喷施上述钙肥也有较好的效果。

(二)缺铁黄叶病及其矫治

缺铁黄叶病是我国石灰性土壤果园中发生普遍的一种生理病害。表现症状是叶肉部分为黄色,叶脉为绿色,沿叶脉周围开始发黄,严重者叶片变白,甚至焦边、落叶、死树。由于铁在植物体内流动性差,所以,缺铁黄叶病多发生在幼叶上。

造成缺铁黄叶病的主要原因是由于石灰性土壤偏碱性,pH值高,土壤中的重碳酸氢根离子多,使土壤中的有效铁(二价铁离子)转化为无效铁(三价铁离子),根系难以吸收利用。另外,单施化肥、树体负载量大、环剥等因素也能造成黄叶病的发生。

由于苹果不同砧木对盐碱的耐性不同,所以缺铁黄叶病的发生也不同。一般海棠果、西府海棠较耐盐碱,发生缺铁黄叶病较轻,而山定子不耐盐碱,缺铁黄叶病发生较重,所以,在偏碱土壤中栽植苹果应避免用山定子作砧木。

增施有机肥、合理负载、平衡施肥,不要偏施氮肥,慎用环剥技术等措施,增施酸性肥料,对矫治黄叶病有较好的作用。

叶面喷施铁肥,如硫酸亚铁、乙二铵四乙酸铁(FDTA—Fe)、氨基酸铁等,能起到一定的矫治作用,但由于铁在树体内流动性较差,叶面喷施一般只是喷到的部位变绿,未喷到的部位不变绿,且再长出的新叶仍然还为黄叶,不能从根本上解决缺铁黄叶问题。

第三章 肥水管理

土壤施铁效果不理想，原因是施入土壤后，有效铁在碱性土壤中被固定为无效铁。

（三）缺锌小叶病及其矫治

苹果缺锌小叶病主要表现为：春季发芽较晚，抽叶后生长停滞，叶片狭小，叶缘向上卷，质厚而脆，叶片呈淡黄绿色或浓淡不均；病枝节间短，叶细丛状簇生，严重者只抽生针状小叶，枝条枯死；花芽很少，花朵小而色淡，坐果率低，果实生长发育不正常，产量、品质下降。

缺锌小叶病主要是由于土壤缺锌或土壤中锌盐不能转化利用或元素间比例失调所致，如果不进行土壤改良和补充相应的锌元素则很难恢复。

修剪不当导致小叶病的发生。一是冬剪时疏枝过多或锯口过大，出现大伤口、连口伤、对口伤等，引起伤口上部生理机能的改变，造成小叶。二是夏季环剥过宽或环剥期间树体缺水等，使剥口愈合程度较差，导致剥口以上部位生长受阻，产生小叶病。

防治小叶病首先应通过土壤改良和补充锌肥进行。增施有机肥，可明显改进土壤结构，且有机肥为全效肥，能有效防止缺锌小叶病的发生。早春发芽前，喷施3%的硫酸锌＋3%的尿素溶液，花芽露红时喷1%的硫酸锌，当年可见效。结合春秋季施肥，土壤施用硫酸锌，有一定效果，但在碱性土壤中，土壤施锌，易被土壤固定，效果不理想。一般在碱性土壤中可采用挖根埋瓶法，即选择树体不同方位，挖出直径0.5cm左右粗的根，插入装有300～600倍硫酸锌的溶液中，埋入地下使根系吸收。注意对不同品种应先做试验，避免因浓度过人造成落果和落叶。

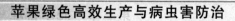

在修剪中应避免疏枝过粗、过多，应严格禁止对口疤、轮生疤、同侧连口疤。过多大枝应分年疏除，对过粗的大枝，可留桩或留小根枝。注意伤口保护，并在伤口上涂抹3％的硫酸锌后再采用保护措施。对因环剥过重没有正常愈合的剥口，可进行桥接。对已经出现小叶病的应以轻剪为主，无价值的发病枝可疏除或回缩到正常枝上，如有利用价值，注意不能进行短截，应在加强综合管理的条件下进行长放，2~3年枝条恢复正常后再进行正常修剪。

经仔细观察，发现小叶病的树都伴有根腐病，特别是根颈部腐烂病尤其严重。由此可以断定，发生小叶病的原因并非完全由于土壤缺锌，也与根系吸收能力有关。应进行综合防治，采用的方法是：每年春天土壤解冻后发芽前，扒开根颈周围的土壤（20~40cm深），晾晒2~3天后用500倍多效灵与600倍甲基托布津的混合液5~10kg浸根，渗透后回填，一般15~20天出现新根，1个月后，新梢开始生长，小叶病逐渐减轻；发芽前15~20天枝干喷600倍多效灵＋3％~5％的硫酸锌（或400倍氨基酸锌）溶液，每5天喷1次，连喷2~3次。生长季节每次喷施杀菌剂都将主干及根颈部喷湿。推广使用锌铜波尔多液（硫酸锌0.5份＋硫酸铜0.5份＋生石灰1份＋水180~200份）；每年结合秋施有机肥施硫酸锌1~1.5kg和果树专用肥1~1.5kg；注意疏花疏果，合理负载。修剪以轻剪为主。雨季注意及时排涝，增强土壤通气性。

第三章 肥水管理

第三节 科学灌溉与节水技术

一、苹果不同物候期的需水情况与灌水

果园灌水应根据苹果年周期中的需水规律、当地自然降水的特点,并结合果园立地条件制定全年的管理方案。我国北方地区应重点注意以下时期:

1. 萌芽开花期

果树在萌芽前,树体需要一定的水分才能发芽,水分不足,常延迟萌芽期或萌芽不整齐,并引起新梢生长。花期干旱或水分过多,常引起落花落果,降低坐果率。但这一时期,由于叶幕还未形成,环境温度低,苹果自身生长发育需水量不大,而北方地区春季干旱多风使水消耗量大,因此应采用覆盖等措施保墒,并适量灌水。

2. 新梢旺长期

此期环境温度迅速升高,叶面积迅速扩大,需水量最多,对水反应敏感,如果供水不足,会影响新梢生长,甚至停止生长,同时还会加剧落果,所以,此期为需水的临界期。保证春灌、缓解春旱是果园水分管理的核心。

3. 果实膨大期

此期果实迅速增大,花芽开始分化。此期缺水会影响果个增大,但水分过多会造成新梢徒长,甚至再次生长,影响花芽分化。所以此期重要的是水分能平衡供应,供水不均匀会造成裂果。北方在此期已进入雨季,多数年份白

然降水较多,供水矛盾不十分突出,可在伏旱时结合施肥适当补水。同时,处理因集中降雨引发的水涝常成为此期水分管理的重点。山地果园应充分利用水保工程、生物措施、土壤管理等措施保蓄降水。平地果园则要做好排水工作。

4. 果实采收前后

此期果树耗水相对稳定,需水较少,在临近果实成熟期之前,不是十分干旱不宜灌水,以免降低果实品质和裂果。一般结合后期施肥和深翻施基肥进行灌水。

5. 休眠期

这一时期苹果生命活动微弱,蒸腾面积小,根系吸水功能减弱,故需水量少。但在土壤封冻前灌冻水,对果树越冬和第二年春季生长发育有利,所以北方地区一般在入冬前灌一次冻水。

果园灌水可以根据土壤含水量确定灌水。据报道,0～60cm土层土壤含水量为田间最大持水量的60%～80%。春梢停长前以土壤湿度70%～80%,果实生长期以50%～60%为宜。土壤含水量低于上述参数时,则需要灌溉。当土壤达到田间最大持水量时(细沙土28.8%,沙壤土36.7%,壤土52.3%,黏壤土60.2%,黏土71.2%),即应排水。

二、节水技术

节水灌溉在我国有着极广阔的应用前景,其核心是通过优化灌水时期与方式,以最小量的水分满足苹果生长发育的需要,获取尽可能大的效益。

第三章 肥水管理

1. 合理选择灌水时期

苹果周期中的需水特点和自然降水情况是选择灌水时期的主要依据,而生产上往往为降低成本将施肥与灌水结合在一起。根据以上分析,苹果在一年中尽量保证4次灌水,即春季萌芽展叶期适量灌水,春梢迅速生长期足量灌水,果实迅速膨大期看墒灌水,秋后冬前保证冻水。

2. 合理确定灌水量

最适宜的灌水量,应以在一次灌水中,使果树根系分布层的土壤湿度达到田间最大持水量的60%~80%为原则。灌水量可通过以下公式计算:

灌水量=灌水面积×土壤浸润深度×土壤容重(田间持水量-灌水前的土壤湿度)

确定灌水量是一项非常复杂的工作,从公式中的每一项来说,土壤浸润深度,一般在60cm左右较为适宜,灌水面积以树冠投影面积为宜,这样就改原来的浇地成为浇果树,以达到节水的目的。而灌水前的土壤湿度和土壤容重都是变量,每次浇水前进行测定,在生长中也不现实,所以应根据实际情况进行确定。

3. 采用节水灌溉方式

传统的灌溉方式为地面灌溉,优点是投资较少,简便易行,缺点是耗水量大,近水口处易因灌水成涝,土壤易冲刷、板结,远水口处送水困难。而地面灌溉中的漫灌矛盾更为突出,且易传播根部病虫害。所以我们可以通过改进灌溉方式,采用节水灌溉,来达到节水的目的。

一是改变水的传输方式,通过修防渗渠、塑膜输送等方式，减少在水的传输过程中的水分损失；二是改原来的行向漫灌为树盘灌溉，如株间交接，可把每行打段进行灌溉；三是采用现代节水灌溉技术，如渗灌、喷灌、滴灌等。

第四章 促花促果

第一节 苹果早果和优质丰产的树相指标

一、苹果早期丰产的基本原理

苹果栽植后结果较晚，特别是在生长比较旺的地区，往往适龄不结果，使果农迟迟得不到效益，这是长期以来苹果生产中存在的主要问题。近年来随着果树生产技术的发展，苹果早期丰产已有成熟的经验，很多地方已建成3年见花，4~5年丰产的标准化示范园。影响苹果结果早晚的因素很多，除栽培技术外，生态条件也是一个重要因子。果园所处的生态条件，影响树体扩大的快慢、枝条生长期的长短与节奏，进而影响花芽形成。因此，栽培技术要根据当地的生态条件，因地制宜。我国主要苹果产区处在北温带，夏季高温、多雨，雨热同季，苹果枝梢生长旺，特别是6~7月份是苹果花芽分化时期，过旺的营养生长，显著影响花芽分化的数量和质量。苹果栽培的一个重要任务就是调整枝梢的生长节奏，进而调整各类枝条的比例，促进花芽分化。这一问题在土壤深厚、雨水丰沛、生长期长的地区尤为突出。山地果园温差大，土壤水分较少，枝条生长量小，树冠扩大慢，花芽形成比较容易，在管理上米取促进树体生长的措施更为重要。

为了有目标地进行管理,可将幼树始果前后这一时期划分为3个阶段。不同阶段的要求不同,采用的栽培技术重点有所不同,达到一个阶段的目标后,即转入下一个阶段,技术的重点也随之转变。了解各阶段的特点可以使栽培技术目标明确,重点突出。现将各阶段的特点、任务和主要措施分述如下。

1. 促冠增枝阶段

苹果幼树结果是在一定的树冠大小和枝条数量的基础上进行的,尽早使树冠大小和枝量达到最初结果的指标,是幼树第一阶段的主要任务。在管理上,要在高标准建园的基础上,通过合理施肥、灌水、土壤改良措施,为营养生长创造良好的条件。同时,对地上部分采用以增枝促生长为中心的修剪技术,对幼树轻剪多留枝,多保留枝叶量,有利于树干加粗、枝叶量增加和树冠不断扩大。

增加枝量分为两个步骤。栽植后1~2年的主要任务是增加长枝的数量,因为长枝上着生的侧芽数量大,只要采用适当提高萌芽率的方法,增加枝量的效果比较好。例如富士苹果1.5米长的长枝,可以萌发60个左右的枝条,而1米左右的长枝,发枝量则大幅度减少。因此,栽植后最初1~2年应多短截,对缺枝部位进行目伤,促使局部旺长,形成较多的长枝。一般要求在1~2年内培养出8~10个长度在1米上下的长枝,即可进入第二个步骤,改变为以缓为主的修剪方法。

第二步是以提高萌芽率为中心的修剪。当幼树的长枝数量达到预定指标后,将60厘米以上的长枝,全部拿枝软

第四章 促花促果

化、插空拉平、甩放不短截,早春萌发前进行多道环割或进行刻芽,促使侧芽萌发,形成大量叶丛枝和中、短枝,增加枝量,达到一定数量要求后,即转入第二个阶段。

2. 缓和树势,调整枝类比,促进花芽形成阶段

幼树生长旺,长枝比例高,对扩大树冠、增加枝量有利,但苹果幼树的花芽形成,要通过缓和树势,培养适于形成花芽的枝条类型,调整适于成花的枝类组成,并采用各种促花措施来实现。为此,需要了解该品种始果期花芽主要着生部位和枝类。以红富士苹果为例,3~5年生幼树结果时,其花芽着生在长枝缓放后形成的一串中、短枝上。1~2年生培养出的长枝经缓放、拉平、软化、刻芽、环剥或其他措施,使其发生大量的中、短枝,并形成花芽。未形成花芽的中、短枝,第二年又容易形成一串中、短枝的结果枝组。从全树来看,花芽着生在中外部较多,内部较少。短枝型品种,长枝缓放压平,即会发生一串短枝,第2~3年形成大量花芽,而且中心主干上也能形成花芽。红富士幼树开始大量结果时,长、中、短枝的比例以2∶1∶7为宜。这不仅是花芽着生适宜的枝条类型,同时也反映了树势的变化,由旺长趋于缓和。对幼旺树来说,树势旺、长枝比例高是普遍现象,但进入结果期前,则需要进行枝类的转化工作,减少长枝的比例,增加中、短枝的比例,并且减少新梢平均生长量,以缓和生长势。其主要方法是在冬季修剪时,轻修剪、少短截、少疏枝。在此基础上,春季对缓放的长枝刻芽、目伤或多道环割,促进芽的萌发,增加枝梢萌发量,并开张各类枝条的角度,减缓先端优势,使营养分散,从而减少长枝发生的比例。在树势缓和、枝

类组成逐渐改变的情况下,通过对背上新生旺枝的扭梢或压平、枝条开张角度、拿枝软化和环状剥皮、配合施用多效唑等生长延缓剂等措施,促进花芽形成。

3. 优质丰产、以果压冠阶段

这个阶段的主要任务是提高坐果率、保证产量、疏花、疏果、提高果品质量、保持树势中庸、继续促花使连年丰产,并用果实的负载量来控制树冠的扩大。幼树形成的花芽,一般质量较差,而且树势不稳定,坐果率较低,要用人工授粉、放蜜蜂或壁蜂等方法改善授粉条件,用疏花、花期喷硼及花期或花后环剥、环割等方法改善营养条件,以增加坐果、保证产量。对密植果园,必须使幼树及时结果,用果实的营养消耗来控制树冠的扩大。有些果园,未能使幼树及时结果,导致树冠过大,早期交接,甚至全园郁闭,使密植栽培失败。

幼树虽然结果较少,但疏花、疏果,调整局部的果实分布、枝果比,并加强花果管理,提高果实质量也是非常重要的,不仅提高产品的市场竞争能力,而且使结果量适当,可以克服大小年。有些品种如红富士,幼树结果后,仍需采用一定的促花措施,保证第二年有足够的花芽,这一点也不可忽视。

二、幼树早期丰产的树相指标

从上述苹果幼树早期丰产的基本原理来看,管理好苹果树,应该根据苹果幼树的生长状况采取相应的技术措施,虽然一些措施是具普遍性的,但措施实施的"火候"究竟如何掌握,则需要一定的经验。例如幼树在结果前,有时

第四章 促花促果

需要"促",促其生长,有时则需"控",抑制其生长。促、控的程度往往不易掌握,其效果则不易达到最佳程度,这就给技术的普及和推广带来困难。应用一些生长、结果的形态指标,表示树的生长发育状况,用以作为判断技术措施的标准,使技术指标化、规范化,也容易学习和推广,这就是所谓的"树相指标"。这些指标总结了幼树早期丰产的典型经验,并在实践中反复验证,可以作为前述阶段的划分和确定栽培技术措施的依据。

苹果产量高低依赖单位面积枝叶量的多少,在一定范围内,产量与枝量呈正相关,也就是说留枝量愈多产量愈高。但是,枝量过多,枝叶相互遮阳,使部分枝叶处在低光照条件下,光合效率差,营养积累不够,影响花芽分化,减少产量。光照不足同样影响果实发育、糖的积累和果面着色,降低品质。因此,枝叶留量必须适当,同时枝叶分布也很重要,要通过整形、修剪培养及维持合理的群体结构和树体结构,两行树的树冠有足够的间距,树冠叶幕呈层状分布,以解决树冠内部的通风透光问题。常用树冠覆盖率、叶面积系数、枝条数量等指标来衡量枝叶留量和枝叶分布。苹果产量的稳定和品质的提高,还要靠培养中庸、健壮的树势来实现,其形态特征表现在枝类组成、新梢生长量、叶片大小和颜色等指标上。长枝占总枝量的比例不宜超过20%,过高的长枝比例和过长的新梢生长量,说明新梢生长期过长,停止生长过晚,营养积累不足,影响花芽分化的数量和质量。连年丰产也是以树体营养积累为基础的,单位面积花芽数量,花芽分化率,花、叶芽比例,单位面积留果量,枝果比等指标,说明果实负载量、营养生长和生殖生长的关系。只有当年产量不超过树体负载能力，树体有充足的营养积累，才能使树体健壮，持续丰产。如果当年果实显著小于往年，有可能是因为当年留果过多，诱发大小年现象的发生。

全国红富士优质生产技术推广协作组，综合了各地的经验提出了17项红富士树相指标。

(1) 树龄　矮砧或短枝型3~6年生，乔砧树5~8年生。

(2) 产量　300~500千克。

(3) 枝量　1.5万~3万个。

(4) 花芽量　1800~3000个。

(5) 留果量　1600~2800个。

(6) 果重　200克以上，一级果率占80%以上。

(7) 果实质量　果实着色度70%以上，果实可溶性固形物含量14%以上。

(8) 干周　距地面30厘米处，乔砧树20厘米以上，矮砧树15厘米以上。

(9) 新梢生长量　15厘米以上的新梢平均长度35厘米左右。

(10) 枝类比　长枝（16厘米以上）、中枝（6~15厘米）、短枝（5厘米以下）的比例为2∶1∶7，其中优质短枝应占60%~70%。

(11) 封顶枝　新梢在6月底以前停止生长的枝，占全树枝量的80%。

(12) 枝果比　当年生各类枝与果实数量比，新梢指有5片叶以上的枝。枝果比为（5~6）∶1。

第四章 促花促果

(13) 花芽与叶芽比　修剪前计算应为1：(3～4)。

(14) 花芽分化率　修剪前计算占全树总芽量的30%左右。

(15) 单叶面积　30～38平方厘米。

(16) 叶色值　按8级区分以5～5.5级为宜，叶片呈淡绿色。

(17) 叶片含氮量　以7月份外围新梢中部叶片计算，为2.3%～2.5%。

在这一系列指标中，对从生长阶段向结果转化的时期来说，产量、质量指标是这套指标的主要技术指标；干周、亩枝量、枝类比及新梢生长量是最重要的生长指标，可以作为各阶段转化时的依据。在干周、亩枝量不足时，不可过早促花，并立足于促进生长，达到这个指标时，重点应放在枝类比的转化。若这4项指标均已达到，应考虑促花措施，使幼树及时结果。砧木、砧穗组合、栽培方式和栽培条件不同，各个果园达到以上指标的早晚会有不同。栽培密度不同，指标也会有差异。如亩枝量与栽培密度有密切的关系，株行距3米×5米时，4～5年生可达每亩2万～3万个枝条，而株行距4米×6米时，则需推迟1～2年。干周20厘米是株行距为3米×5米开始结果的生长指标。若干周已达到20厘米，花芽形成尚无把握，就应环剥、施用生长抑制剂，而4米×6米的果园，应将这一指标提高一些，以免过早控冠，影响以后的覆盖率、亩枝量和产量。花芽率、花芽留量及果实平均重量等，是重要的结果指标，反映了适当的负载量。若花芽过多，就要通过修剪、疏花来调整，最后负载量是否恰当，可用果实大小来衡量。果实过小,在一定程度上反映了留果过多。

当然,树势、肥水等条件也会对果实大小有影响,但直接影响果实大小的因素是结果量,在选择栽培技术措施时,应综合考虑。

三、成龄树高产、稳产、优质的树相指标

红富士成龄树的树相标准共有20项,分别为:

(1) 产量　2000~2500千克,株行距为4米×6米时,单株平均产量72~90千克,株行距为3米×5米时,单株平均产量为45~56.3千克。

(2) 枝芽量　5万~9万,每立方米需枝量40~60个。

(3) 花芽量　1.2万~1.5万个。

(4) 留果量　1.0万~1.3万个。

(5) 单果重　200克以上,一级果率占80%以上。

(6) 果实质量　果实着色度80%以上,果实可溶性固形物含量14%以上。

(7) 树冠体积　每亩1200~1500立方米。

(8) 树冠覆盖率　60%~80%。

(9) 叶面积系数　3~5。

(10) 新梢生长量　25~30厘米。

(11) 枝类　长枝(16厘米以上)占20%左右,中、短枝(16厘米以下)占80%左右。

(12) 果台副梢　结果果台能抽生1个长约10厘米以下的果台枝。

(13) 花芽与叶芽比　1:(3~4)。

(14) 花芽分化率　花芽占总枝芽量30%左右。

第四章 促花促果

(15) 枝果比　(5~6):1。

(16) 封顶枝　6月末以前有70%~80%的枝停止生长。

(17) 单叶面积　30~38平方厘米。

(18) 叶片及枝条颜色　叶色：绿色稍淡；枝表皮色：粗枝表皮出现红褐色及灰褐色。

(19) 落叶　在采收后，叶色变黄，落叶一致。

(20) 叶片含氮量　2.3%~2.5%。

第二节　树相诊断

第一节中红富士苹果丰产、优质的树相指标，是综合各个苹果产区经验得出的。具体应用时依不同地区、不同砧穗组合、不同生态条件和栽培条件、树体生长势和花芽分化能力都会有一些差距，所以要有一定的灵活性。例如，矮化砧和乔化砧苹果的生长势和花芽分化难易不同，就应该有不同的指标。

许多产区苹果质量较差，为了增加着色，果实套袋已成为生产优质果的常规技术。在日本苹果套袋已近30年，近年来又开始逐步推广"无袋栽培"。如若富士苹果不套袋，也能生产出着色优良的果实，就要有一套新的技术。为此，日本果农在果实套袋时期，要对树体表现作一评判，即进行树相诊断，诊断重点是与果实质量有密切关系的树相因素，主要有叶色、叶片氮含量、新梢长度以及新梢停长率等。据研究，富士的叶色从5月下旬至6月上旬逐渐变浓，其后稳定下来，至7月下旬再度变浓，一直维持到9月下旬几乎无变化,9月下旬以后,叶色进一步变浓,直至落叶。因此认为,6月下旬是叶色诊断的最适宜时期。另据研究认为,6月下旬叶色指数与叶片中的含氮量有极为密切的正相关,与果实着色指数及底色指数之间有极显著的负相关。因此,把叶色调整在适宜的叶色指数之内,对提高富士苹果的果实品质,具有重要的意义。

叶色诊断的具体方法:将叶色由黄绿到深绿分作8级。富士的叶片在1～4级者,叶片含氮量在2.2%以下;5～6级者叶片含氮量为2.5%～2.6%;7～8级者,叶片含氮量大于2.6%。一般认为5～6级时,是高产叶相,理想树势。供作叶相诊断的叶片,是树冠外围与人的眼睛等高处,中庸新梢的中部叶片。观察叶色时,要避开直射阳光,按色卡定级。

6月中、下旬新梢生长长度和新梢停长率,对富士的果实品质也有重要影响。据研究表明,6月中旬富士的新梢长度与单果重之间,有极显著的正相关,但与果实含糖量之间,却表现为极显著的负相关。新梢诊断时,在树冠外围同眼高的部位,每树选择20条新梢,测定其平均长度,计算已形成顶芽的停长梢比例,以新梢停长率表示。

综合各地研究结果,富士苹果6月下旬到7月上旬,适宜的叶色指数为5左右,叶片含氮量2.4%～2.5%,新梢平均长度20～30厘米,新梢停长率为80%左右。根据诊断结果,如果基本相符,则不必套袋,亦能获得优质果;若树势过旺,诊断结果的指标大于上述标准,则应控制氮肥施用,并进行果实套袋及进行夏季修剪;若树势偏弱,诊断结果的指标低于上述标准,则应加重疏果,增施氮肥。

第四章 促花促果

我国各苹果栽培区气候条件差异很大,随着生产的发展、技术的进步,各地可以根据经验,制定自己的标准,以作为生产的指导。

为了实现上述目标,就要从基础做起,进行科学的标准化管理,加强肥、水管理及技术投入,促使树体健壮生长,应用促花促果的各项措施,达到适龄结果和品质优良、增产增收的目的。

第三节 促花措施

苹果的花芽形成比较困难,尤其是在密植条件下,要想达到早果、早丰的目的,必须采取有效措施,才能促进花芽提早形成。现将促花措施分述如下。

一、环剥和环割

通过环剥和环割暂时切断了有机营养运输的上下通道,剥口以上部分积累营养物质较多,可以明显地促进花芽形成,具体方法详见第六章第四节。据调查,石家庄地区红富士苹果幼旺树在不环剥的情况下成花率很低,仅为 $0.65\%\sim8.29\%$,而通过环剥(5月下旬到6月上旬)成花率为 $7.25\%\sim18.3\%$,甚至高达 22.9%;在河北省抚宁县山地果园,不环剥成花率为 9.4%,环剥树能达 41.5%。环渤海湾诸省的调查也说明环剥是红富士苹果幼旺树成花的必需措施。另据河北农业大学调查,红富士苹果1年生枝缓放后萌芽率仅为 27.7%,环割后萌芽率可提高到 49.9%,短枝率高达 75.8%,说明环割也具有提高萌芽率、促进花芽形成的作用。

二、缓放

缓放（甩放）的作用是削弱顶端优势，分散缓和枝条生长势力，增加中、短枝数量，有利于营养物质的积累，是促进幼树成花的主要措施之一，具体方法详见第六章第三节。据调查，对于水平中庸枝缓放，第二年萌芽率为27%~58%，中短枝比例为85%左右。由此说明，缓放对促进花芽提早形成的效果是比较明显的。

三、开张枝条角度

拉枝开角是人工促花的重要方法。通过开张枝条角度，有利于扩大树冠，缓和树势，改善光照条件，增加枝条自身光合产物的积累，调节内源激素的平衡，促进花芽形成（具体方法详见第六章第四节）。枝条缓放拉平后萌芽率可达50.5%，其中短枝和叶丛枝占72%。对当年刻芽后于6月20日环剥的缓放枝条，在8月初拉枝，短枝率达77%，成花率高达38.25%。

四、扭梢

通过扭梢可抑制新梢旺长，利于有机养分积累，促进花芽形成（具体方法详见第六章第四节）。幼龄红富士苹果树通过扭梢当年成花率为4.9%，再加上环剥的情况下当年成花率为25.2%，第二年成花率可高达73.1%。

综上所述，使用任何一种人工促花措施均能促进花芽形成，提高花芽数量。若一项措施不尽如人意，多种促花

第四章 促花促果

措施综合运用效果明显。因此,生产中应根据实际情况,将不同[缓放+拉枝+环剥(割),扭梢+环剥(割)]方法相互组合运用,以便尽快达到理想效果。

五、利用生长调节剂

植物生长调节剂的作用是控制旺长树的营养生长向生殖生长方向转化,以达到控冠促花的目的。现将目前生产上应用效果较好的PBO控冠促花的方法介绍如下。

PBO是一种新型多功能果树促控剂,已获国家专利。具微毒,对人和天敌无害,经多年实践,效果理想,作用明显,深受果农欢迎。

(1) 成分与作用　主要成分有细胞分裂素、生长素衍生物、增糖剂、延缓剂、早熟剂、膨大剂、防冻剂、防裂剂、杀菌剂以及十余种微量元素。其作用机理是调控激素平衡,抑制树体旺长,有利于养分积累,可提高坐果率和增大果个,促进花芽形成,提高产量和树体抗寒能力。

(2) 使用时期　叶面喷施PBO后,一周左右即可见效,喷施时间以5月中旬至9月中旬为宜。此时期正值苹果花芽分化期和新梢旺长期,可有效地抑制新梢旺长,促进花芽形成。

(3) 使用方法　该药剂以叶面喷施为主,除碱性农药(如波尔多液)外,一般农药均可混合施用,如与其他微量元素营养剂混用,效果更好。PBO的持效期比多效唑短,一年内需要使用2~3次,才能有效地抑制枝条旺长,促进花芽形成。一般中庸树于5月下旬至6月上旬、7月下旬至8月上旬各喷一次300倍液,旺长树于5月中旬至6月上旬、7月中旬至8月上旬、9月上旬各喷一次200倍液。为有利于叶片吸收，每次喷布时宜在晴天的上午10点以前和下午4点以后。无论喷施浓度高低，必须喷布均匀周到。

（4）注意事项 该促控剂要求在正常管理和树势健壮的情况下使用，使用PBO后，坐果率提高，应严格疏果调节合理负载。为了防止果柄变短，于中心花开放后4～5天，喷1次赤霉素，浓度为每克75%赤霉素粉剂对水10千克。各地气候、品种不同，应因地制宜使用，避免盲目用药，造成损失。

第四节 促果措施

在改善树体营养条件的基础上，创造适宜的授粉环境或采用人工辅助授粉，人为调节合理负载量，即可达到花果满枝头的丰收景象。常用促果措施主要分为两大类。

一、人工辅助授粉

苹果的自然坐果率较低，一般不足10%。花期辅助授粉是解决花期天气不良、授粉品种树数量不足或搭配不当的问题的途径之一。

（1）采集花粉 在主栽品种开花前，从适宜的授粉树上采集含苞待放的铃铛花，带回室内，两花对搓，脱取花药，去除花丝等杂质，然后将花药平摊在光洁的纸上。若果园面积大，需花粉量较多时，则可采用机械采集花粉。在花药成熟散粉过程中，室温应保持在20～25℃之间，湿度保持在60%～80%之间，每昼夜翻动花粉2～3次。经1

第四章 促花促果

~2天花药即可开裂散出花粉，过箩即可使用。如果不能马上应用，最好装入广口瓶内，放在低温干燥处暂存。通常每亩产果4000千克的盛果期树，人工点授时需0.5~0.75千克铃铛花。

(2) 授粉时期及次数　人工授粉宜在盛花初期进行，以花朵开放当天授粉坐果率最高。但因花朵常分期开放，尤其是遇低温时，花期拖长，后期开放的花自然坐果率很低。因此，花期内要连续授粉2~3次，以提高坐果率。

(3) 人工点授方法　人工点授可用自制的授粉器进行。授粉器可用铅笔的橡皮头或旧毛笔，也可用棉花缠在小木棒上或用香烟的过滤嘴。授粉时，将蘸有花粉的授粉器在初开花的柱头上轻轻一点，使花粉均匀沾在柱头上即可，每蘸一次可授花7~10朵。每花序可授花2~3朵，花多的树，可隔花点授，花少的树，多点花朵，树冠内膛和辅养枝上的花多授。

(4) 喷粉和液体授粉　果园面积较大时，为了节省用工，也可采用喷雾或喷粉的方法。取筛好的细花粉20~25克，加入10千克水、500克白糖、30克尿素、10克硼砂，配成悬浮液，在全树花朵开放60%以上时，用喷雾器向柱头上喷布。也可在细花粉中加入10~15倍滑石粉，用喷粉器向柱头上喷撒。

(5) 插花枝授粉　授粉树较少或授粉树当年开花较少的果园，可在开花初期剪取授粉品种的花枝，插于盛满清水的水罐或矿泉水瓶中，每株成龄树悬挂3~5瓶，每瓶中应有10个以上花丛。为了使全树坐果均匀，应将瓶悬挂在树冠外围中等高度和不同方向，并且需要每天调换1次挂瓶位置。同时应注意往瓶内添水,以防花枝干枯。

(6)蜜蜂授粉　苹果为虫媒花,果园内花期放蜂既可节省大量劳力,又能明显地提高授粉率,从而提高坐果率。果园内设置蜂箱的数量因树龄、地形、栽培条件及蜂群大小强弱而不同,一般每3~4亩果园放一箱蜂即可。蜂箱应放在果园内,果园面积较大,需要多箱蜂放置时,蜂箱之间距离以不超过500米为宜。要注意花期气候条件,一般蜜蜂在11℃即开始活动,16~29℃最活跃。放蜂期为了使蜜蜂采粉专一,可用果蜜饲喂蜂群,也可用授粉树花泡水喷洒蜂群或在蜂箱口放置授粉树花粉,从而提高蜜蜂的采粉专一性。需要注意,花期切忌喷药,以防蜜蜂中毒死亡。

(7)壁蜂授粉　由于壁蜂的放蜂时间短,传粉能力强,繁殖较快,既便于驯养管理,又基本不受果园喷药防控病虫害的影响,故在苹果产区应用发展较快。常用于苹果园授粉的壁蜂有角额壁蜂、凹唇壁蜂、紫壁蜂等。壁蜂1年1代,以卵、幼虫、蛹、成虫在巢管内越夏、越冬。授粉时利用壁蜂成虫在巢管外活动约20天的时间放蜂授粉,壁蜂开始飞翔的气温为12~15℃,1天中以10~16时飞翔传粉最活跃。苹果园利用壁蜂授粉的主要技术如下。

①巢管制作　巢管常用旧报纸或牛皮纸卷成内径6毫米、壁厚0.9毫米、长度16厘米左右的纸管制成,两端用利刀切平,将50支巢管扎成一捆,在巢管一端涂白乳胶后贴上牛皮纸封严,另一端敞口并用油漆染成红、黄、绿、白、蓝、橙等不同颜色,以便壁蜂识别颜色和位置归巢。

②巢箱制作　用瓦楞纸叠制成内径长20~25厘米、宽20厘米、高25厘米的巢箱,仅留一面敞口,其他五面用塑

第四章　促花促果

料薄膜包严，以免雨水渗入。每个巢箱内装巢管4~6捆，共计巢管200~300根。

③巢箱安置　选择前方3米内无树木等遮挡物的宽敞明亮处，将巢箱安置在高40厘米左右的牢固支架上，巢箱敞口朝向东南或正南。巢箱一旦安置好后，切记不要轻易移动位置，以便壁蜂准确还巢。为预防蛇、蛙、蚂蚁等危害壁蜂，可在支架上涂抹废机油，箱顶盖用遮荫防雨板压牢。然后在巢箱前方1米处，挖长、宽、深分别为40×30×60厘米的坑，将黏土放入坑中，每晚加水一次并调和黏泥土，以便壁蜂产卵时采湿泥筑巢。

④放蜂时间和数量　在苹果树开花前的2~3天，从冰箱中取出并剪破蜂茧，每个巢管装入1个蜂茧或成蜂，然后将巢管放入巢箱中，大约在20天之内可完成苹果园的授粉和壁蜂的筑巢产卵。每1.5~3亩苹果园放置1个巢箱即可满足其授粉。

⑤巢管回收与保存　苹果树落花后，在傍晚壁蜂全部还巢后收回巢箱，取出巢管并将其平放吊挂在常温下的室内通风阴凉处保存。翌年2月，拆开蜂管剥出蜂茧装入罐头瓶中，并用纱布将瓶口封严，放置在0~5℃的冰箱内保存到苹果树开花前的2~3天。

二、疏花疏果

苹果树进入结果期后，如果开花坐果过多，超出树体负荷量，消耗营养过多，不仅造成"满树花半树果"，当年不能丰产，还会影响花芽形成和下一年产量，甚至出现大小年结果现象。为此，严格科学的疏花疏果是增效提质的重要工作之一。

(1) 疏花疏果时期　疏花疏果进行得越早越好，疏果不如疏花，疏花不如疏花芽。当花芽量较大时，可利用冬剪、花前复剪疏除部分花芽。如果树体健壮，花期气候条件较好，花量能满足丰产要求，特别是疏花后能够配合人工辅助授粉保证坐果率时，就可以进行疏花，以后再少量疏果加以调整。反之就应在首先保证充分坐果的前提下，根据果量于花后疏果。疏果的时期一般在盛花后一周开始，在落花后30天内完成。

(2) 疏花疏果的程序　一般先疏坐果率低的品种，后疏坐果率高的品种；先疏大树，后疏幼树；先疏弱树，后疏强树；先疏骨干枝，后疏辅养枝。在一株树上，先疏上部，后疏下部；先疏外围，后疏内膛；先疏顶花芽花、果，后疏腋花芽花、果。为防止漏疏，最好按枝顺序疏花、果，这样可以做到均匀周到，准确无误，合理留果。

(3) 疏花的方法　在花序伸出期，按25~30厘米的间距，留下位置适宜的花序，余者疏除。在花蕾分离期，留下中心蕾，去除边蕾；在开花期，留下中心花，疏去边花。

(4) 疏果的方法

①距离法　在确定全树适宜留果量的基础上，按一定距离留果，使果实均匀分布于全树各个部位。留果间距，小果型品种（如金红等）为15~20厘米，大果型品种（如金冠、新红星等）为20~25厘米，红富士系品种以25厘米左右为宜。在实际操作中，应根据树势、枝组和果枝粗度及果台副梢长短等酌情留果。

②枝果比法　据研究表明，多数苹果品种按枝果比法

第四章 促花促果

疏果时，以（4~5）:1 的比例留果最为适宜，即 4~5 个生长点（枝）留 1 个果。按平均每个生长点能长出 10 片叶计算，这样就能保证有 40~50 片叶制造养分供给果实生长发育。树势较弱时，生长枝较短，每枝平均不到 10 片叶时，可增加枝的比例。

苹果绿色高效生产与病虫害防治

第五章　防灾护树

我国地域辽阔，自然条件复杂，各地均有其特殊的灾害，如冻害、抽条、冰雹和霜害等，常常会给苹果生产带来难以弥补的损失。因此，摸清当地自然灾害的发生规律，采取积极有效的防御措施，是保证苹果产量和品质的重要途径。

第一节　防治冻害

冻害，是苹果生产中最常见的灾害。它是越冬期间气温低于苹果树某器官或某部位所能忍受的温度下限值，引起冷冻伤害或死亡的现象。

一、发生原因

引起苹果树冻害的内在原因，与品种、树龄、生长势、当年枝条的成熟度及锻炼情况等方面，有很大的关系。例如红富士苹果树比国光、元帅系苹果树的抗寒性差。又如大年树由于树体内贮蓄的营养水平低，因而比正常树容易受冻。引起苹果树冻害的外部原因，是冬季绝对低温降至树体不能忍受的临界点以下，或持续时间过长，有时早春转暖后骤然回寒，也常造成树皮（形成层）受冻。冻害的

第五章 防灾护树

轻重,常与果园地理位置有关。例如,阳坡地果园,早春树体开始活动早,白天枝干向阳面温度较高,而夜间温度急剧下降到0℃以下后,致使枝干皮部的形成层难以适应,因而遭受冻害。

二、发生时期及部位

(一) 枝干冻害

在秋末冬初或深冬季节,由于绝对最低温度太低,因而枝干遭受冻害。多数苹果品种当绝对最低气温降到-25℃时,枝干即发生一定程度的冻害;降到-30℃时,则发生严重冻害;而当气温降到-35℃时,则全树被冻死。主干受害部位,大致是距地表15厘米以上至1.5米以下。主要表现为皮层的形成层变为黑色。严重时木质部、髓部都变成黑色。而在主干的西南方向,受冻后有时形成纵裂,较轻时裂缝仅限于皮部,随着气温的升高,裂缝一般可以愈合;严重时,树皮沿裂缝脱离木质部,甚至外卷,不易愈合,常引起树势衰弱或整株死亡。一年生枝的冻害,表现为自上而下地脱水和干枯。多年生枝,特别是大骨干枝的基角内部、分枝角度小的分杈处或有伤口的部位,很易遭受积雪冻害或一般性冻害。常表现为树皮局部冻伤,最初微变色下陷,用刀挑开时可发现皮部成黑色;以后逐渐干枯死亡,皮部裂开和脱落。如果受害轻,形成层没有受伤,则可以逐渐恢复。受冻枝干易感染腐烂病和干腐病,应注意防治。

(二) 根颈冻害

在冬初、冬末春初气温变化骤烈时,根颈所处的部位接近地表，温度日变幅最大，经常有冻融交替现象发生，并且由于该部位进入休眠期最晚，解除休眠期最早，因此抗寒力低，最易受低温或温度差大的伤害。根颈受冻后，表现为皮层变黑，易剥离。轻则只在局部发生，引起树势衰弱；重则形成黑色环状，黑环围绕根颈一圈后，全树死亡。

（三）花芽冻害

花芽冻害多出现在冬末春初。当春初气温上升后又遇回寒天气时易受冻害。另外深冬季节如果气温有短时的升高（如1~2天），也会降低花芽的抗寒力，导致花芽冻害。花芽活动与萌发越早，遇到早春回寒，就越易受冻。苹果花期受冻的临界低温，花营期为$-2.8℃\sim3.18℃$，开花期为$-2.2℃\sim-1.6℃$。一般来说，花芽比叶芽容易受冻害。花芽受冻害，表现为芽鳞松散，髓部及鳞片基部变黑，严重时，花芽干枯死亡，俗称"僵芽"。花芽前期受冻，是花原基整体或其一部分受冻；后期受冻，为雌蕊受冻，柱头变黑、干枯，有时幼胚或花托也受冻。

三、防治方法

防治苹果树冻害的主要方法如下：

（一）选择抗寒品种和砧木

根据当地气象条件，充分利用良好的小气候环境，因地制宜，适地适栽，这是预防苹果树冻害最为有效可靠的途径。对于成龄苹果园，如果所栽植品种抗寒能力差，则应考虑选用抗寒能力强的品种，进行高接换种。

第五章 防灾护树

（二）增强树体抗冻性

做好疏花疏果工作，合理调节负载量，使苹果树不超量结果，树体贮藏营养物质不减少，适时采收，减少营养消耗，使树体在生长季后期能够充裕地制造和积累养分，增强树体抗冻能力。秋季早施基肥，有条件的果园再混施少量氮、磷、钾速效肥料，使根系在秋季生长高峰期，加强营养的吸收和合成，提高树体的营养贮藏水平。此外，还应于生长季后期停止或少量施用氮肥，并对叶面多次喷布磷酸二氢钾、速效磷、钾肥等溶液，提离叶片光合能力，增加树体养分贮藏，提高树体的抗冻性。

（三）适时做好枝干保护工作

上冻前后，对果树主干和主枝涂白、干基培土、主干包草和灌足封冻水。主干和主枝涂白，可以反射阳光，使树皮温度不会过离，防止昼夜温差过大对树体的伤害。涂白剂的常用配方是：水 10 份，生石灰 3 份，石硫合剂原液 1 份，食盐 0.5 份，动、植物油少许。主干包草和干基培土，可在入冬前进行，用稻草或其他柴草包扎主干，同时在干基培土 20～30 厘米高，使之盖住稻草。翌年 3 月底解除防寒物。秋季土壤冻结前，全园灌封冻水，以利于水分结冰，放出潜热，提高果园近地面温度而减少冻害。在多雪易成灾的地区，雪后要及时振落树上积雪，并扫除树干周围的积雪，防止因融雪期融冻交替、冷热不均而引起冻害。

（四）阻挡冷气入园

新建苹果园应避开风口处、阴坡地和易遭冷气侵袭的低洼地；已建成的果园，应在果园上风口栽植防风林或挡风墙，减弱侵入果园的冷气。

（五）受冻树的保护

对于已遭受冻害的苹果树，应及时去除被冻死的枝干，并对较大的伤口和锯口进行消毒保护，以防止腐烂病菌侵入。

第二节 防治抽条

抽条，也称冻旱和灼条。这是指苹果幼树越冬后枝干失水干枯的现象。它是我国西北、华北以及东北部分地区影响苹果幼树安全越冬的主要障碍。这种现象发生在1～5年生幼树，其中以1～2年生树发生最为严重。轻者，每年抽干至地表，翌年重新发枝，致使树冠残缺，影响早果和早丰；重者，可造成树死园毁。

一、发生原因

发生抽条。主要原因是早春土壤水分冻结或地温较低，使根系不能吸收水分，而此时地土部枝条蒸腾强烈，以致造成植株严重缺水。当苹果枝条失水达到一定程度时，先表现皱皮。如果此时及时补水，枝条则可恢复；如补水不及时，枝条继续脱水，就会干枯死亡。

（一）内因

苹果品种之间抗抽条的能力不同。元帅系品种抗抽条能力强，而红富士系、乔纳金系、金冠系品种抗抽干性较差。M系矮化砧由于砧穗输导组织的差异，抗抽条能力更

第五章　防灾护树

差,这些均是由于品种的生理机能、形态特征的差异所致。同时,树体贪青旺长,落叶推迟,枝条组织疏松幼嫩及成熟度低等,也是造成抽条的主要原因。

(二) 外因

抽条的外因,主要是低温和干旱。苹果抽条的主要时期,不在温度最低的1月份,而是在气温上升,蒸发量较大,根际土壤温度仍较低,不能吸收水分或吸收的水分不能满足树体大量蒸腾需要的2月份至3月底。同时,由于冬季低温造成的木质部、形成层伤害,冬季昼夜温差大而造成的日灼,也会加重抽条的程度。秋季叶蝉产卵危害枝条,形成多处伤口,也会加重抽条现象的发生。

二、防治方法

(一) 适地建园

根据各地所属的区划,如需大面积发展红富士系苹果时,则只能在1月份平均气温为-10℃线的以南地区进行。至于小面积栽植,可选择小气候好、背风向阳、地下水位低、土层深厚和疏松的地段建园,只要避开在阴坡、高水位和瘠薄地建园即可。

(二) 保持树体健壮

栽后前5年,苹果幼树的抽条率较高。因此,对幼龄树本着"促前抑后",促进枝条成熟的原则,促进新梢前期(6月前)生长;6月份以后,控水,控氮,拉枝开角,适时适度环剥,控制营养生长;秋梢停长前(一般在9月中旬开始)摘除未停长幼尖,若再次萌发,则反复摘除,叶面喷施生长延缓剂多效唑等。同时，对叶面多次喷施磷、钾肥，以抑制新梢秋季旺长，提高枝条成熟度，增强抗寒能力。

（三）增强树体抗寒能力

为了提高树体营养水平，增强抗寒性，应注意叶片的保护，及时防治早期落叶病和食叶害虫，提高叶片光合效能；定植前挖大坑和定植后结合秋施基肥深翻护穴，促其下层根系扩展，提高吸收能力，并减小根际土壤冬季冻结程度。清除杂草，并且不要在果园内间作白菜、萝卜或甘薯等绿叶多的晚秋作物，以预防叶蝉对新梢的危害。一旦发现叶蝉产卵，应及时喷药防治。

（四）进行树体保护

埋土防寒，是防止幼树抽条最可靠的保护措施。其做法是，在土壤冻结前，在树干基部有害风向（一般是西北方向），先垫好枕土，将幼树主干适当软化后，予以缓慢弯曲，将其压倒在枕土上，然后培土压实，使其枝条全部不外露，不透风。翌年春土壤解冻后至萌芽前，撤去覆土，并将主干扶直。此法可有效地防止幼树抽条现象的发生。但是，在苹果树主干较粗时不宜使用。所以，此法在定植后的1年生树上应用较多。

（五）营造良好的根际环境

对于主干较粗不宜埋土防寒的幼树，培月牙形土埂是防止抽条的有效方法。其操作要点是：于土壤冻结前，在西北方向距树干30～50厘米处，培一个高40～60厘米的月牙形（半圆形）土埂，为幼树根际创造一个背风向阳的小

第五章 防灾护树

气候环境,从而使地温回升早,土壤解冻提前。有条件的果园,若能在土埂内覆以地膜,则可显著提高土壤温度,防止抽条效果更佳。

(六) 抽条树的保护

对已发生抽条的幼树,在其萌芽后,剪除已抽干枯死的部分,促其下部潜伏芽抽生枝条,并从中选择位置好、方向合适的留下,将其培养成骨干枝,以尽快恢复树冠。

此外,防止幼树抽条的方法,还有对幼树枝干喷聚乙烯醇或羧甲基纤维素液,给枝干缠塑膜条,对树干涂白等。各地应根据气象因素、人力、物力和财力等实际情况,灵活运用。

第三节 雹灾救治

我国北方大部分苹果产区,偶有冰雹发生,而局部地区,尤其是山区则常有周期性雹灾发生,给苹果生产带来了严重的损失。

一、雹灾的危害

冰雹粒小、量小,时间短,危害较轻时,使叶片洞穿或脱落,树体叶面积减少,光合效率下降。果实受伤,使当年产量和质量下降。雹灾严重时,折伤树枝,打伤树干,使树体缺主枝,少侧枝,枝量不足,结果面积缩小,伤疤遍树,给病虫滋生创造了适宜条件,以致造成树势严重衰弱,不仅使当年产量和品质下降,甚至绝收,也对以后的高产稳产形成较大的不利影响。

二、灾后的救治

雹灾发生之后,应根据受灾情况,积极采取措施加强果园管理。要适当减少当年的结果负载量,以恢复树势。对枝干上的雹伤,要及时喷布波尔多液或多菌灵等杀菌药剂,以防止病菌侵入。要采取综合技术措施,严格控制病虫害的发生和蔓延,并对受伤的枝条酌情加以修剪。要加强土、肥、水管理,注意树体越冬保护,以尽早恢复树势。

第四节 防治霜害

在苹果树生长季,由于急剧降温,水气凝结成霜,使树体幼嫩部分受冻,形成霜冻危害。由于霜冻是冷空气集聚的结果,如空气流通不畅的低洼地、闭合的山谷地容易形成霜穴,使霜害加重。这就是果农常说的"风刮岗,霜打洼"。湿度可以缓冲温度,故靠近大水面的地方或霜前喷水的果园,都可以减轻霜害。

一、发生时期及危害

霜冻对果树生产影响很大。有些地区,由于温度变化剧烈,霜冻频繁,几乎每年都因此而减产。根据发生霜冻时期的不同,分为早霜和晚霜。在秋末发生的霜冻称为早霜,早霜只对一些生长结束较晚的品种和植株形成危害,常使叶片和枝梢枯死,果实不能充分成熟,进而影响品质和产量。早霜发生越早,危害越重。在春季发生的霜冻,称为晚霜。在萌芽至幼果期,霜冻来临越晚,危害越重。

第五章　防灾护树

在苹果主产区，晚霜较早霜具有更大的危险性。春季，随着气温的上升，苹果树解除休眠，进入生长期，抗寒力迅速降低，从萌芽至开花坐果，其低温极限，花蕾期大致为 $-2.8℃$，花期为 $-1.7℃$，幼果期为 $-1.1℃$。进到这种低温，苹果树即会受到不同程度的霜冻伤害。

早春萌芽时受霜害，嫩芽或嫩枝变成黑色，鳞片松散而干于枝上。花营期和花期受害，较轻时只是雌蕊和花托被冻死，花朵照常开放。稍重的冻害，可将雌蕊冻死。发生严重霜冻时，花瓣变枯脱落。幼果受害轻时，果实幼胚变成黑色，而果实还保持绿色，以后逐渐脱落。受害重时，全果变黑，并很快脱落。有的幼果经轻霜害后，还可继续缓慢发育，变成畸形果，并且在近萼端有时出现霜环。

二、防治方法

（一）果园熏烟

熏烟防霜，是利用浓密烟雾防止土壤热量的辐射散发，同时烟粒吸收湿气，使水气凝成液体而放出热量，提高地温。这种方法只能在最低温度不低于 $-2℃$ 的情况下才能应用。发烟物可用防霜烟雾剂，效果较好。其配方各地不一。常用的配方是：硝酸铵 $20\%\sim30\%$，锯末 $50\%\sim60\%$，废柴油 10%，细煤粉 10%。这些材料越细越好。将这些材料按比例配好后，装入纸袋或容器内备用。发烟物，也可使用作物秸秆、杂草和树叶等能产生大量烟雾的易燃材料。

配置熏烟堆的方法是：在预定发烟地点，先立一木桩，再与其成"十"字形横放一木桩，然后将备好的发烟材料，干湿相间地堆放在木桩周围。最后，在其上盖一层薄土。

烟堆一般高1~1.5米，堆底直径为1.5~2米，每667平方米果园设置3~4堆即可。点烟时，将两根木桩抽掉，用易燃物放入近地面孔内点燃。要随时观察室外温度表，当气温降到2℃时，即及时点燃放烟。如果烟堆燃烧太旺，可加盖些土，使其减弱燃烧势而大量发烟。

（二）延迟萌芽期，避开霜灾

有灌溉条件的果园，在花前灌水，可显著降低地温，推迟花期2~3天。还可进行枝干涂白，通过反射阳光，使树体温度减缓升高速度，可延迟花期3~5天。在萌动初期，对全树喷布氯化钙200倍液，也可延迟花期3~5天。

第五节 进行桥接和寄根接

在苹果生产中，由于病虫害、人畜损伤或自然灾害等造成树皮严重损伤时，会严重影响树体的生长发育。此时，采用桥接或寄根接的方法，进行接枝搭桥手术，重新接通输导组织，可以恢复树势。实践证明，进行桥接或寄根接，是挽救受害苹果树的一项有效措施。

一、桥接

（一）接穗采取与贮备

供桥接用的接穗，要选用生长粗壮、充实、无病虫危害的1年生尚未萌动的枝条。因此，可在冬季修剪时将接穗留在树上，桥接时随接随采。也可结合冬剪采集接穗，贮藏备用。采集接穗时，以20~30根作一捆长度依据伤疤大小而定。贮藏时，温度应保持在0℃左右，相对湿度应控

第五章 防灾护树

制在80%左右。一般采用地下一层干净湿沙一层接穗贮藏的方法，进行沙藏备用。桥接前，取出接穗，浸入水中，使接穗充分吸水，以促进成活率。

（二）伤疤的处理

桥接时，首先要对病疤和伤疤进行处理。对腐烂病的病疤进行桥接时，必须彻底刮净和消毒，使其露出新鲜组织或愈伤组织形成后再行桥接。桥接砧木的切口，要超过病疤（或伤口）上下边缘10厘米以上，以免与病疤或伤口相连而再次感染，并加速愈合。人为造成、机械造成的伤口（如火烧、兽害、劈枝等），可将伤疤刮到好皮处，并涂以杀菌剂保护伤口。

（三）嫁接时期

桥接和寄根接的适宜时期，是在早春，树体刚开始生长活动、树皮易于分离时。

（四）桥接方法

（1）两头接　将伤口刮净并消毒后，把接穗的两端削成平面，削面长度要在3厘米以上。然后，在果树伤口上下选平滑处，切成与枝条粗度相等的接口或接槽，再将接条嵌入接口或接槽内，并用小钉加以固定（图5-1）。桥接时，应使接穗成弓形，这样，接穗和砧木的接触面较大，结合紧密，有利于愈合。为了保证接穗在成活前有适宜的湿度，当接穗较长时，接前需用薄膜全部缠严。接后，要将接口全部绑紧缠严。如果伤口面较大，可同时桥接数根接穗，以便及早恢复树势。

（2）一头接　如在伤口上或枝干上生有萌蘖或徒长枝，

一头接接穗　　两头接接穗　　一头接　　两头接

图 5-1　苹果树桥接法

或树下生有根蘖，均可用作桥接的接穗。操作时，将其上端削平，插入预先切好的倒"T"字形接口内，然后用塑料条绑紧缠严即可（图 5-1）。一头接的形式较多，可根据具体情况灵活运用，如几个根蘖可同时接在各主枝上。也可利用主干上的徒长枝，将其接在主枝上。

二、寄根接

寄根接，是对于主干或根颈受害，造成根系衰弱，以及有冻根、烂根、主干病疤太大的根，在树干附近补栽生长旺盛的砧木苗多株。待其成活后，把它的上端接在伤病树的枝干上，小树的根系便可替代原树腐烂的根系。待烂对头的主干腐朽时，小树已长粗到足以能够支撑其树冠的程度，就会使病危树起死回生，再创较高的经济效益。

三、嫁接后的管理

完成桥接或寄根接以后，要进行妥善管理，保护好接穗，防止摇动和干燥。伤口愈合后，要及时解绑，以防影响接穗加粗生长。在接穗上萌发的新梢，应全部除去。但

第五章 防灾护树

如果伤口过大,或其一端未接活时,仍可保留一个新梢,以备再次嫁接。此外,还应加强肥水管理,增强树体生长势。对于树势弱,结果多的植株,应将花果疏除或只保留少量的果实。

第六章　主要病虫害防控技术

第一节　苹果主要病害高效防控技术

一、苹果斑点落叶病

苹果斑点落叶病又称褐纹病，主要为害叶片，造成叶片提早脱落，也可为害新梢和果实，影响树势和产量，在我国各苹果产区都有发生。

1. 防治适期

苹果斑点落叶病的流行与叶龄、降雨及空气相对湿度关系密切，防治苹果斑点落叶病的重点时期是发病前期及中期，降雨多的年份应提早施药，重点保护早期叶片。感病品种应控制病叶率在 10% 以下，平均每叶病斑数约 0.1 个时开始施药，能明显减轻病害发生和为害。

2. 防控技术

（1）加强栽培管理，搞好清园工作。夏季及时剪除徒长枝，减少后期侵染源，改善果园通透性，低洼地、水位高的果园要注意排水，降低果园湿度。合理施肥，增强树势，有助于提高树体的抗病力。秋、冬季彻底清除果园内的落叶，清除树上病枝、病叶，集中烧毁或深埋，并于果树发芽前喷布 3~5 波美度的石硫合剂，以减少初侵染源。

（2）化学防治。掌握初次用药时期，是防治此病的关键之一。初次用药时期以病叶率低于 10% 时为宜。可选用 10% 多抗霉素可湿性粉剂 1000 倍液、500 克/升异菌脲悬浮剂 1500 倍液、430 克/升戊唑醇悬浮剂 3000 倍液、50% 腐霉利可湿性粉剂 2000 倍液等，于春梢前中期、秋梢前中期交替用药，效果较好，施药间隔期一般 10~20 天，喷施药剂 3~4 次，多雨年份适当增加用药次数。

二、苹果褐斑病

苹果褐斑病是引起苹果早期落叶的主要病害，我国各苹果产区都有发生，苹果褐斑病病菌除可侵染苹果外，还可侵染沙果、海棠、山荆子等。

1. 防治适期

苹果褐斑病病菌自然条件下潜育期约 12 天，病害的发生与降水、温度关系密切。防治该病应从病害发生初期开始施药，间隔期 10~14 天，连续施药 2~3 次，同时多雨年份适当增加施药次数，干旱月份，适当延长施药间隔期至 10~25 天，即可有效控制苹果褐斑病的发展。

2. 防控技术

防治策略应以化学防治为主，辅以清除落叶等农业防治措施。

（1）清除菌源。秋末冬初彻底清除落叶，剪除病梢，集中烧毁或深埋。

（2）加强栽培管理。施用有机肥，增施磷、钾肥，避免偏施氮肥；合理疏果，避免环剥过度，增加树势，提高树体的抗病力；合理修剪，夏季及时剪除徒长枝，减少侵染源；合理排灌，控制果园湿度。

（3）化学防治。春梢生长期施药2次，秋梢生长期施药1次。春雨早、雨量多的年份，适当提前首次喷药时间，春雨晚、雨量少的年份，可适当推迟施药。全年喷药次数应根据雨季长短和发病情况而定，一般来说，第1次施药后，每隔15天左右喷药1次，共喷3~4次。可选择药剂有50%异菌脲可湿性粉剂1000倍液、1∶2∶200~240的波尔多液、430克/升戊唑醇悬浮剂3000倍液、80%代森锰锌可湿性粉剂800倍液、70%甲基硫菌灵可湿性粉剂800倍液等，多种杀菌剂交替使用防效佳。

三、苹果炭疽病

苹果炭疽病又称苦腐病、晚腐病，在我国各苹果产区普遍发生，为害严重。该病菌除为害苹果外，还可侵染海棠、梨、葡萄、桃、核桃、山楂、柿、枣、栗、柑橘、荔枝、芒果等多种果树以及刺槐等树木。

1. 防治适期

病菌自幼果期到成熟期均可侵染果实。在北方地区，侵染盛期一般从5月底到6月初开始，8月中下旬之后，侵染减少。发病期一般从7月开始，8月中下旬之后开始进入发病盛期，采收前15~20天达到发病高峰。早春萌芽前对树体喷施一次铲除剂，消灭越冬菌源，生长期施药应在谢花坐果后开始。

2. 防控技术

结合苹果其他病害的防治，加强栽培管理的基础上，

第六章 主要病虫害防控技术

重点进行药剂防治和套袋保护。

（1）加强栽培管理。结合修剪，及时剪除枯枝、病虫枝、徒长枝和病果、僵果，集中销毁，以减少果园再侵染源；合理密植，配合中耕锄草等措施，改善果园通风透光条件，降低果园湿度；合理施用氮、磷、钾肥，增施有机肥，增强树势；合理灌溉，注意排水，避免雨季积水；果园周围避免使用刺槐、核桃等病菌的寄主作防风林。

（2）物理防治。加强储藏期管理，入库前剔除病果，注意控制库内温度，特别是储藏后期温度升高时，加强检查，发现病果及时剔除。

（3）化学防治。由于苹果炭疽病的发病规律基本上与苹果轮纹病一致，且防治两种病害有效的药剂种类也基本相同。炭疽病发病较重的果园，可在早春萌芽前对树体喷施1次铲除剂，消灭越冬菌源，药剂可选用3～5波美度的石硫合剂或0.3%的五氯酚钠，两者混合使用效果更佳。生长期施药应在谢花坐果后开始，每隔15天喷施药剂1次，连续喷施3～4次，晚熟品种可适当增加喷药次数。可用70%甲基硫菌灵可湿性粉剂800倍液、77%氢氧化铜可湿性粉剂600～800倍液、430克/升戊唑醇悬浮剂4000倍液、50%多菌灵可湿性粉剂600倍液、80%代森锰锌可湿性粉剂800倍液，除此之外，咪鲜胺类杀菌剂对炭疽病有特效。

四、苹果轮纹病

苹果轮纹病又称疣皮病、黑腐病、粗皮病、轮纹褐腐病、水烂病，是我国乃至世界苹果产区常见的一种病害。该病可为害果实造成直接减产，也可为害果树枝干，导致树势衰弱。

1. 防治适期

苹果露花至套袋前后施药,幼果期无雨年份,可晚施药,控制施药间隔期7~10天,一般春季少雨年份喷施5~6次,多雨年份增加喷施次数至7~8次。

2. 防控技术

(1) 农业防治。加强果园水肥管理,增施有机肥;合理修剪、适时疏花疏果,防止大小年现象;及时清除枝干病斑,发芽前将枝干上的轮纹病与干腐病斑刮干净并集中烧毁,减少初侵染源;为害严重的果园应推广使用果实套袋,套袋前喷施保护性药剂可有效降低果实轮纹病的发生(图6-1);春季果树萌动至春梢停止生长时期,随时刮除树体主干和大枝上的轮纹病瘤、病斑及干腐病病皮(图6-2),同时对果树喷一次3~5波美度石硫合剂保护树体。

(2) 化学防治。病瘤部位刮除后涂抹10%甲基硫菌灵(果康宝)15~25倍液,进行杀菌消毒,可促进病组织翘离和脱落;生长期喷施保护性杀菌剂,一般从落花后10天开始,可用10%苯醚甲环唑水分散粒剂(世高)2000~2500倍液、80%代森锰锌800倍液、70%甲基硫菌灵可湿性粉剂800倍液、430克/升戊唑醇悬浮剂4000倍液、50%多菌灵可湿性粉剂600倍液等药剂喷施,施药间隔期15~20天。采前喷施1~2次内吸性杀菌剂,采收后用仲丁胺200倍液浸果3~5分钟后储藏,可增加防治效果。

(3) 储藏管理。储运前严格剔除病果及受其他损伤的果实,并用仲丁胺200倍液,或咪鲜胺、噻菌灵、乙磷铝等浸果,晾干后低温储藏(0~2℃)。

第六章 主要病虫害防控技术

图 6-1 果实套袋

图 6-2 轻刮树皮

五、苹果树腐烂病

苹果树腐烂病俗称烂皮病、臭皮病。在我国各苹果产区均有发生，黄河流域及其以北果区，树龄较大的结果树发病严重。腐烂病主要为害枝干，也可为害幼树和苗木，是我国目前削弱树势、造成死枝死树甚至毁园的重要病害。

1. 防治适期

病菌一般 3～5 月侵染，7～8 月发病，早春为发病高峰期，晚春后抗病力增强，发病锐减。从 2 月上旬至 5 月下旬、8 月下旬至 9 月上旬，定期检查，发现病疤及时刮治。

病皮及时收起并带出果园烧毁。改冬剪为春剪,减少剪枝口冻伤,选择晴朗的天气进行,做好剪锯口保护工作。

2. 防控技术

(1) 加强栽培管理。施足有机肥,增施磷钾肥,避免偏施氮肥,提倡秋季施肥,有机肥施入量占60%以上最佳;合理修剪控制负载量,克服大小年;清除病源;实行病疤桥接(图6-3);对于易发生冻害的地区,提倡秋季对树干及主枝向阳面涂白。

图6-3 剪锯口发病

(2) 铲除带菌树体,减少潜伏侵染。落皮层、皮下干斑及湿润坏死斑周围的干斑、树杈夹角皮下的褐色坏死点、各种伤口周围等,都是腐烂病病菌潜伏的主要场所。在每年的5~7月树体营养充分时进行重刮皮,冬春不太寒冷的地区春秋两季也可进行。但是重刮皮有削弱树势的作用,弱树不宜进行,刮除后要增施水肥,补充营养。刮皮的方法为:用锋利的刮刀将主干、主枝及大枝大侧枝表面的粗皮刮干净,但不能刮到木质部(露白)。刮下的树皮组织要集中销毁或深埋,但刮皮后不能涂药,以免发生药害。

同时对重症果园需每年进行2次药剂铲除,即落叶后

第六章 主要病虫害防控技术

初冬和萌芽前各 1 次，发病轻的果园 1 次即可，一般落叶后比萌芽前的效果要好，常用的药剂有：30％戊唑·多菌灵悬浮剂 400～600 倍液、77％硫酸铜钙可湿性粉剂 200～300 倍液、45％代森铵水剂 200～300 倍液等。

（3）树体保护是预防此病的积极措施。发芽前喷 3～5 波美度石硫合剂、430 克/升戊唑醇 3000 倍液、45％代森胺水剂 300 倍液等。

（4）病疤治疗是目前防治此病的有效方法。田间见到病斑随时刮治，刮治是需用锋利的刮刀将病变皮层彻底刮掉，且病斑边缘还要刮除 1 厘米左右的好组织，以确保刮除彻底。技术要点为：刮彻底；口要光滑，不留毛茬，没有急弯，防止不规范刮治（图 6-4）。刮治后病组织要集中销毁，并对患处涂药保护（图 6-5），药剂边缘应超出病斑边缘 1.5～2 厘米，一个月后需要在补涂 1 次。

图 6-4 腐烂病不规范刮治

可选药剂有：2.12％腐殖酸铜水剂原液、3.315％甲硫·萘乙酸、843 康复剂、45％代森铵水剂 300 倍液等。

图 6-5　正确刮治后的愈合伤口

六、苹果干腐病

苹果干腐病又名干腐烂、胴腐病,是苹果树枝干的重要病害之一,为害定植苗、幼树、老弱树的枝干,常造成死苗甚至毁园。一般从嫁接部开始发病,逐步向上扩展,形成暗褐色至黑褐色的病斑,严重时幼树枯死。最新研究报道表明,苹果干腐病与苹果轮纹病由同一种病菌引起,干腐型症状是轮纹病在枝干上的一种表现形式。

1. 防治适期

晚秋、早春应检查幼树枝干、根颈部位,发现病斑应及时涂药防治。同时在栽植时严格剔除病苗,以春季喷铲除剂为主,然后刮治。

2. 防控技术

(1) 加强管理,增强树势,提高树体抗病力。改良土壤,提高土壤保水保肥力,旱涝时及时灌排。保护树体,减少各类伤口的产生同时做好防冻工作是防治干腐病的关键性措施。

(2) 彻底刮除病斑。在发病初期,削掉变色的病部或刮掉病斑。果树发芽前喷3~5波美度石硫合剂保护（图6-6），4月中旬至5月中旬喷杀菌剂注意保护枝干。

（3）果实防治同轮纹病。落花后10天开始施药。可选用药剂有70%代森锰锌可湿性粉剂500~800倍液、40%多菌灵胶悬剂800~1000倍液、43%戊唑醇悬浮剂4000倍液等。

图6-6 喷施石硫合剂保护树体

（4）清除菌源。不使用该病原菌的其他寄主（如苹果、蓝莓、杨、柳等）做撑棍，及时摘除病果，清除残枝。

七、苹果霉心病

平果莓心病又名心腐病、果腐病、红腐病、霉腐病。在潮海湾、黄河故道、西北高原等主要苹果产区都有发生，主要为害元帅、富士、红星、伏锦等品种。

1. 防治适期

苹果树花芽露红前期、终花期和坐果期全园喷施保护性杀菌剂，可有效降低苹果霉心病的发生。

2. 防控技术

（1）种植抗病品种。如金冠、祝光、秦冠、国光等。

(2) 清除菌源。生长季节随时清除病果，秋末冬初彻底清除病果、僵果和病枯枝，集中烧毁。

(3) 化学防治。在苹果萌芽之前，结合其他病害的防治，全园喷布 3～5 波美度石硫合剂加 0.3% 的 80% 五氯酚钠铲除树体上越冬的病菌。初花期喷 1 次杀菌剂，可选择 10% 多抗霉素 1000 倍液、50% 异菌脲 1000～1500 倍液。终花期和坐果期各喷 1 次杀菌剂，两次用药间隔为 10～15 天。

(4) 加强储藏期管理。果实采收后 24 小时内，果库温度应保持在 0.5～1℃，相对湿度 90% 左右，防止苹果霉心病的扩展蔓延。

八、苹果白粉病

苹果白粉病在我国各苹果产区均有发生，除了为害苹果属果树外，也可为害梨树、沙果、海棠等。

1. 防治适期

该病受气候影响严重，在春季和秋季有两次发病高峰，其中以春季至夏初为全年的主要发病时期和为害严重时期。防治关键时期在萌芽期和花前花后。

2. 防治方法

(1) 农业防治。在增强树势的前提下，要重视冬季和早春连续、彻底剪病梢，减少越冬病原。

(2) 化学防治。硫制剂对该病防治效果良好。萌芽期喷 3 波美度石硫合剂。花前可喷 50% 硫悬浮剂 150 倍液。发病重时，花后可连喷 2 次 25% 三唑酮 1500 倍液。

第六章 主要病虫害防控技术

九、苹果锈病

苹果锈病又名赤星病,我国各苹果产区均有发生。但因该病是转主寄生病害,所以只在有转主寄主的地区或城市郊区才会发病较重。

1. 防治适期

自苹果叶片展叶期开始,观察记录每次降雨情况,根据降雨期间的平均气温和降雨持续时间预测有无侵染,适时施药防治。

2. 防控技术

(1) 铲除桧柏。新建果园应远离桧柏、龙柏等植物,保证果园与转主寄主间的距离不能小于5千米。风景旅游区有桧柏的地方,不宜发展种植苹果。

(2) 转主寄主春季防治。冬春应检查菌瘿、"胶花"是否出现,及时剪除,集中销毁。苹果发芽至幼果拇指大小时,在桧柏上喷0.5波美度石硫合剂,全树喷药,1~2次。

(3) 化学防治。苹果自芽萌动至幼果期喷药1~2次。特别是在4月中下旬有雨时,必须喷药。可用20%三唑酮(粉锈宁)可湿性粉1000~1500倍液、50%甲霜灵可湿性粉剂600~800倍液、10%苯醚甲环唑水分散粒剂2000~2500倍液,也可用波尔多液(1:2:200)~2401倍液。

十、苹果炭疽叶枯病

苹果炭疽叶枯病是近年来发生的新病害,主要为害嘎拉、乔纳金、秦冠等元帅系品种,造成早期落叶,也侵染果实,导致很多褐色斑点,严重影响果品的销售。

1. 防治适期

有报道指出,该病发生与7月降雨关系密切,随着降水量及次数增加而增重,其他月份降雨对该病害影响不大。

2. 防控技术

(1) 农业防治。做好果园夏季排水,防止果园生理落叶;注意夏季修剪,避免树冠郁闭;注意冬春季节清扫果园、去除僵果等,减少果园带菌数量。

(2) 化学防治。结合其他果树病害的防治,施用50%吡唑醚菌酯乳油3000~5000倍液、80%代森锰锌可湿性粉剂600~800倍液、波尔多液1000~1500倍液等药剂对树体进行保护。发病初期,施用25%咪鲜胺乳油1500~2000倍液、80%代森锰锌可湿性粉剂600~800倍液等进行防治。对于10月大量落叶的果园,喷施波尔多液1000~1500倍液,次年4月苹果萌芽前再次施药,铲除枝条和休眠芽上的越冬菌源。

十一、苹果煤污病

苹果煤污病又名水锈病,主要在果实近成熟期发生,在潮湿多雨的地区果园发病较多。染病果实果面往往布满煤烟状污斑,影响果实外观和降低商品价值。该病除为害苹果外,还能为害各种果树、野生林木和灌木。

1. 防治适期

发病初期进行药剂防治效果较好。

2. 防控技术

(1) 农业防治。冬季清除果园内落叶、病果、剪除树

第六章 主要病虫害防控技术

上的徒长枝集中烧毁，减少病虫越冬基数；夏季管理，7月对郁闭果园进行2次夏剪，疏除徒长枝、背上枝、过密枝，使树冠通风透光，同时注意除草和排水。对果实进行套袋。

（2）化学防治。发病初期药剂防治，可选用1：2：200波尔多液、77%氢氧化铜可湿性粉剂500倍液、75%百菌清可湿性粉剂800～900倍液、70%甲基硫菌灵可湿性粉剂1000倍液、80%代森锰锌可湿性粉剂800倍液、10%多氧霉素可湿性粉剂1000～1500倍液、50%苯菌灵可湿性粉剂1 500倍液、50%乙烯菌核利可湿性粉剂1200倍液。在降雨量大、雾露日多的平原、滨海果园以及通风不良的山沟果园，喷药3～5次，每次相隔10～15天。可结合防治轮纹病、炭疽病、褐斑病等一起进行。

十二、苹果病毒病

我国主要的苹果病毒有6种，分别为：苹果锈果类病毒、苹果花叶病毒、苹果绿皱果病毒、苹果褪绿叶斑病毒、苹果茎沟病毒和苹果茎痘病毒，其中前3种病毒属于非潜隐性病毒，被此类病毒侵染后大部分栽培品种都表现明显症状，分别为苹果锈果类病毒病、苹果花叶病毒病和苹果绿皱果病毒病。

（一）苹果锈果类病毒病

苹果锈果类病毒病俗称花脸病，是由类病毒引起的传染性病害。在我国各苹果产区均有发生，并有扩展蔓延趋势。病树果实畸形龟裂，失去商品价值，危害损失严重。除苹果外，该病毒还可为害海棠、沙果和梨。

1. 防控技术

防治该病应以预防为主。新建果园栽植无病苗木是彻底避免发病的有效措施，此外建立新苹果园时应远离梨园150米以上，避免与梨树混栽；严格选用无病的接穗和砧木，培育无病苗木，用种子繁殖可以基本保证砧木无病；嫁接时应选择多年无病的树为取接穗的母树；不用修剪过病树的剪、锯修剪健树；用青霉素连年输液，或病毒特500倍液灌根和喷施可降低病果率；初夏时对病树主枝进行半环剥，在环剥处包上蘸过0.015%～0.03%浓度的土霉素、四环素或链霉素的脱脂棉，外用塑料薄膜包裹。果实膨大期用80%代森锌可湿性粉剂500倍液或硼砂200倍液，喷于果面，7月上中旬起每周喷1次，共喷3次可对该病有一定的治疗效果。

（二）苹果花叶病毒病

苹果花叶病毒病在我国大部分苹果产区都有发生，是一种发生较普遍的病毒病。花叶病除为害苹果、花红、海棠果、沙果、槟子、山楂等果树外，还可为害梨、木瓜等。

1. 防控技术

培育无病毒接穗和实生苗木，采集接穗时一定要严格挑选健株，对未结果的病株应及时刨除。此外，由于该病原体可在梨树上潜伏，避免苹果与梨树混栽。利用弱病株系对致病强的毒系用干扰作用，减轻病情。春季发病初期，可喷洒1.5%植病灵乳剂1000倍液或83增抗剂100倍液，施药间隔期10～15天，连续喷施2～3次。此外对苹果树施好锌、钼、磷、钾、铜等肥料，以此提高苹果的抗病能力。

第六章　主要病虫害防控技术

（三）苹果皱叶病毒病

1. 防控技术

拔除重病树，培育和栽培无病毒苗木。

（四）苹果茎痘病毒病

苹果茎痘病毒病分布广泛，在世界各地栽培地苹果上均有该病危害。染病嫁接苗，易发生枯死现象。高接换头品种树，高接后几年发生整株急剧衰退现象，造成树体生长阻滞，甚至死亡。

1. 防控技术

培育和栽植无病毒苹果苗木；可能的话不用或少用高接换头法进行苹果品种改良；引进的无病毒繁殖材料要进行病毒检验。

（五）苹果茎沟病毒病

苹果茎沟病毒病在世界各国均普遍发生，在苹果栽培品种和矮化砧木上的分布极为广泛。

1. 防控技术

培育和栽植无病毒苗木；控制高接传毒；尽量不用无融合型砧木作苹果砧木；引进无病毒繁殖材料要进行病毒检验。

十三、苹果生理性病害

苹果生理性病害，又称非传染性病害，它是由不适宜的非生物因素直接引发的病害。常见的有苹果小叶病、苹果黄叶病、苹果缩果病和苹果苦痘病等。

(一) 苹果小叶病

1. 防治方法

增施锌肥或降低土壤 pH 值（增加锌盐的溶解度），是防治该病的有效途径。花芽前树上喷施 3%～5% 的硫酸锌或发芽初喷施 1% 的硫酸锌溶液当年即可见到防治效果。发芽前或初发芽时，在有病枝头涂抹 1%～2% 硫酸锌溶液，可促进新梢生长。对盐碱地、黏土地、沙地等土壤条件不良的果园，适当改善土壤的 pH 值，释放被固定的锌元素，可从根本上解决缺锌小叶问题。

(二) 苹果黄叶病

1. 防控技术

一切加重土壤盐碱化程度的因素，都能加重缺铁症的表现，盐碱较重的土壤中，可溶性的二价铁转化为不可溶的三价铁，不能被植物吸收利用，使果树出现缺铁症状。可以使用 0.4% 硫酸亚铁溶液或 0.5% 柠檬酸铁叶面喷施，施肥间隔期 20 天；根系埋晶体硫酸亚铁、柠檬酸铁，在盐碱较重的地块可将上述晶体溶解后置入容器，将苹果树细根插入容器内。

(三) 苹果缩果病

苹果缩果病在我国各果区均有发生，是土壤中缺少硼元素引起的生理病害。山地及沙质土壤的果园发生较重，干旱年份偏重。

1. 防控技术

（1）土壤沟施。秋季落叶后或早春发芽前，树下沟施

第六章 主要病虫害防控技术

硼砂或硼酸，施肥后充分灌水，每棵树施药量因树龄大小而异，一般树干直径7.5～15厘米，硼砂用量为50～150克；树干直径20～25厘米，硼砂用量为120～210克；树干直径30厘米以上，硼砂用量为210～500克。

(2) 果树喷施。开花前、开花期和开花后个喷施1次0.3%硼砂水溶液，见效快，效果良好，当年见效，但此方法持效期较短。

(四) 苹果苦痘病

苹果苦痘病又称苦陷病，是苹果成熟期及储藏期常发生的生理性病害，该病通常被认为是缺钙症，确切地说，应为钙营养失调症。修剪过重、偏施氮肥、树体过旺及肥、水不良的果园发病重。国光、青香蕉、金冠、红星等品种更易发病。

1. 防控技术

避免偏施氮肥，增施有机肥；合理灌水，雨季及时排水；病重果园，可在果实生长中、后期喷施70%氯化钙150倍液，每间隔20天喷施1次，喷施3～4次可达到良好效果，气温高时，为防止氯化钙灼伤叶片，可改喷施硝酸钙。

(五) 苹果日灼病

苹果果实、枝干均可发生日灼病，主要发生与夏季强光直接照射的果面或树干。

1. 防控技术

(1) 选栽抗日灼病品种，同时加强果园管理，合理排灌水及时防治其他病害，保护果树枝叶齐全和正常生长发育。

(2) 利用白色反光的原理对树体进行涂白,降低阳面温度,缩小昼夜温差;修剪时,西南方向多留枝条,可减轻日灼对枝干的为害;夏季修剪时,果实附近适当增加留叶遮盖果实防止烈日暴晒。

(3) 疏果后半个月进行果实套袋,需要着色的果实,采前半个月摘袋可有效降低日灼病的发病率。

第二节　苹果主要害虫高效防控技术

一、桃小食心虫

桃小食心虫属鳞翅目蛀果蛾科,又称桃蛀果蛾,简称"桃小",在我国分布范围很广,许多果区均有发生为害,除为害苹果外,还可为害海棠、沙果、梨、山楂、桃、杏、李、枣等果实,其中以苹果和枣受害最重。

1. 防治适期

(1) 地面处理。在地面连续3天发现出土的幼虫时,即可发出预测预报,开始地面防治;当诱捕器连续2~3日诱到雄蛾时,表明地面防治已经到了最后的时刻,此时也是开展田间查卵的适宜时期。

(2) 树上控制。6月上中旬桃小食心虫成虫开始陆续产卵,当田间卵果率达0.5%~1%时进行树上喷药。以后每10~15天喷1次,连喷2次。

2. 防控技术

桃小食心虫的防控应采用地下防控与树上防控、化学防控与人工防控相结合的综合防控原则,根据虫情测报进

第六章 主要病虫害防控技术

行适期防控是提高好果率的技术关键。

(1) 农业防治。生长季节及时摘除树上虫果、捡拾落地虫果，集中深埋，杀灭果内幼虫。树上摘除多从6月下旬开始，每半月进行1次。结合深秋至初冬深翻施肥，将树盘内10厘米深土层翻入施肥沟内，下层生土撒于树盘表面，促进越冬幼虫死亡。果树萌芽期，以树干基部为中心，重点在树冠投影的范围内覆盖塑料薄膜，边缘用土压实，能有效阻挡越冬幼虫出土和羽化的成虫飞出。尽量给果实套袋，阻止幼虫蛀食为害。套袋时间不能过晚，要在桃小产卵前完成，一般果园需在6月上中旬完成套袋（图3-10）。

图3-10 套纸袋的苹果

(2) 生物防治。

①昆虫病原线虫的应用。目前用来防治桃小食心虫的病原线虫为斯氏线虫科的小卷蛾线虫。据报道，用线虫悬浮液喷施果园土表，当每亩用1亿～2亿侵染期线虫时，虫蛹被寄生的死亡率达到90%。昆虫被线虫感染后，体液呈橙色，虫尸淡褐色，不腐烂。

②白僵菌的利用。该菌在25℃、湿度90%时，有利于分生孢子的萌发和感染寄主，日光中的紫外线能杀死菌剂

中的孢子，使侵染力的丧失，因此，在利用白僵菌防治桃小食心虫时，最好先喷药后覆草，既提高了土壤温度，又防止日光直射。施药的时间为越冬代和第一代幼虫的脱果期。

③性信息素。从5月中下旬开始在果园内悬挂桃小食心虫的性引诱剂，每田2～3粒，诱杀雄成虫，1.5个月左右更换1次诱芯。该方法除了可对桃小成虫直接诱杀外，还可能用于虫情测报，以决定喷药时间（图3-11）。

图3-11　果园内悬挂桃小食心虫性引诱剂

（3）化学防治。

①地面处理。从越冬幼虫开始出土时进行地面用药，使用45%毒死蜱乳油300～500倍液，或48%毒·辛乳油200～300倍液均匀喷洒树下地面，喷湿表层土壤，然后耙松土壤表层，杀灭越冬代幼虫。一般年份5月中旬后果园下透雨后或浇灌后，是地面防治桃小食心虫的关键期。也可利用桃小性引诱剂测报，决定施药适期。

②树上喷药防治。在卵果率0.5%～1%、初孵幼虫蛀果前树上喷药；也可通过性诱剂测报，在出现诱蛾高峰时立即喷药。防治第2代幼虫时，需在第1次喷药35～40天

第六章　主要病虫害防控技术

后进行。5~7天1次，每代均应喷药2~3次。常用有效药剂有：45%毒死蜱乳油1200~1500倍液、50%马拉硫磷乳油1200~1500倍液、1.8%甲氨基阿维菌素苯甲酸盐乳油3000~4000倍液、48%毒·辛乳油1000~1500倍液、4.5%高效氯氰菊酯乳油或水乳剂1500~2000倍液、25克/升高效氯氟氰菊酯乳油1500~2000倍液、20%甲氰菊酯乳油1500~2000倍液等。要求喷药必须及时、均匀、周到。

二、二斑叶螨

二斑叶螨属蛛形纲真螨目叶螨科，又称二点叶螨，俗称白蜘蛛，在我国许多苹果产区均有发生，可为害100多种植物，对苹果、梨、桃、杏、樱桃等均可造成严重危害，果园内间作草莓、蔬菜、花生、大豆等也可严重受害。

1. 防控技术

（1）农业防治。早春越冬螨出蛰前，刮除树干上的翘皮、老皮，清除果园里的枯枝落叶和杂草，集中深埋或烧毁，消灭越冬雌成螨；春季及时中耕除草，特别要清除阔叶杂草，及时挖除根蘖，消灭其上的二斑叶螨。

（2）生物防治。应注意保护、发挥天敌自然控制作用。

①以虫治螨：二斑叶螨天敌昆虫有30多种，如深点食螨瓢虫，幼虫期每头可捕食二斑叶螨200~800头，其他还有食螨瓢虫、暗小花蝽、草蛉、塔六点蓟马、小黑隐翅虫、盲蝽等天敌。

②以螨治螨：保护和利用与二斑叶螨几乎同时出蛰的拟长毛钝绥螨、东方钝绥螨、芬兰钝绥螨等捕食螨，以控制二斑叶螨为害。

③以菌治螨：藻菌能使二斑叶螨致死率达80%～85%；白僵菌能使二斑叶螨致死率达85.9%～100%。

（3）化学防治。在越冬雌成螨出蛰期，树上喷50%硫悬浮剂200倍液或1波美度石硫合剂，消灭在树上活动的越冬成螨。在夏季，6月以前平均每叶活动态螨数达3～5头，抓住害螨从树冠内膛向外围扩散的初期防治。6月以后平均每叶活动态螨数达7～8头时，需及时用药。注意选用选择性杀螨剂。常用药剂有20%三唑锡悬浮剂1500倍液、5%唑螨酯乳油2500倍液、20%吡螨胺水分散粒剂2000倍液、43%联苯菊酯悬浮剂2000倍液、1.8%阿维菌素乳油4000倍液等。

三、苹果全爪螨

苹果全爪螨，属蛛形纲真螨目叶螨科，又称苹果红蜘蛛，在我国北方果区均有发生，主要寄主有苹果、梨、桃、李、杏、山楂、沙果、海棠、樱桃及观赏植物樱花、玫瑰等。

1. 防控技术

（1）农业防治。萌芽前刮除翘皮、粗皮，并集中烧毁，消灭大量越冬虫源。

（2）生物防治。我国苹果园控制害螨的天敌资源非常丰富，主要种类有：深点食螨瓢虫、束管食螨瓢虫、陕西食螨瓢虫、小黑花蝽、塔六点蓟马、中华草蛉、晋草蛉、东方钝绥螨、普通盲走螨、拟长毛钝绥螨、丽草蛉、西北盲走螨等。此外，还有小黑瓢虫、深点颈瓢虫、食卵萤螨、异色瓢虫和植缨螨等，在不常喷药的果园天敌数量多，常将叶螨控制在经济危害水平以下。果园内应通过减少喷药次数,保护自然天敌。有条件时,可以释放人工饲养的捕食螨。

(3) 化学防治。依据田间调查,在出蛰期每芽平均有越冬雌成螨2头时,喷施1次3~5波美度石硫合剂、45%石硫合剂晶体50~60倍液或99%喷淋油乳剂200倍液;生长期6月以前平均每叶活动态螨数达3~5头,6月以后平均每叶活动态螨数达7~8头时,喷施24%螺螨酯悬浮剂4000倍液、15%哒螨灵乳油2500倍液、20%三唑锡悬浮剂2000倍液、1.8%阿维菌素乳油4000倍液、43%联苯肼酯悬浮剂3000~5000倍液等。

四、金纹细蛾

金纹细蛾属鳞翅目细蛾科,又称苹果细蛾、苹果潜叶蛾,在我国北方果区均有发生,主要为害苹果、沙果、海棠、山荆子等果树。发生轻时影响叶片的光合作用,严重时造成叶片早期脱落,影响树势与产量。

1. 发生规律

大部分落叶果树产区1年发生4~5代,河南省中部地区和山东临沂地区发生6代。以蛹在被害叶中越冬,翌年苹果树发芽前开始羽化。越冬代成虫于4月上旬出现,发生盛期在4月下旬。以后各代成虫的发生盛期分别为:第一代在6月中旬,第二代在7月中旬,第三代在8月中旬,第四代在9月下旬,第五代幼虫于10月底开始在叶内化蛹越冬。春季发生较少,秋季发生较多,为害严重,发生期不整齐,后期世代重叠。

2. 预测预报

在具有代表性且上年受害严重的果园内,采用对角线法确定5个观测点,每点附近选定2棵树,在树冠外围悬挂一个含有金纹细蛾诱芯的诱捕器,诱捕器距离地面1.5米。从当地苹果萌动开始挂诱捕器,并在每天早晨检查落入诱捕器的成虫数,计数后捞出,并将每日诱蛾合计数绘成消长柱形图,掌握发蛾的始见期、上升期、高峰期及蛾量,从而判断成虫的发生期。在当年第一代成虫高峰期发出预测预报,进行防治。

3. 防控技术

金纹细蛾防治的关键时期是各代成虫发生的盛期。其中5月下旬至6月上旬是第一代成虫的发生盛期,防治效果优于后期防治。

(1) 农业防治。果树落叶后,结合秋施基肥,清扫枯枝落叶,深埋消灭落叶中越冬蛹。

(2) 生物防治。金纹细蛾的寄生蜂较多,有30余种,其中以金纹细蛾跳小蜂、金纹细蛾姬小蜂、金纹细蛾绒茧蜂、羽角姬小蜂最多。上述前3种数量较大,各代总寄生率20%~50%,其中以跳小蜂寄生率最高,越冬代约25%,在多年不喷药果园,其寄生率可达90%以上。

(3) 化学防治。依据成虫田间发生量测报结果,在成虫连续3日曲线呈直线上升状态时,预示即将到达成虫发生高峰期,同时结合田间为害状调查,适时开展化学防治。可选用药剂有:35%氯虫苯甲酰胺水分散粒剂20000倍液、1.8%阿维菌素乳油3000倍液、25%灭幼脲悬浮剂2000倍液等。

第六章 主要病虫害防控技术

五、苹果绵蚜

苹果绵蚜属半翅目绵蚜科，又叫血色蚜虫、赤蚜、绵蚜等，原产于美洲东部，随苗木传播至世界各地，目前我国绝大多数苹果产区均有分布。在我国除为害苹果外，还可为害海棠、山荆子、花红、沙果等植物。

1. 发生规律

苹果绵蚜在山西1年发生20代，山东青岛地区1年发生17~18代，辽宁大连地区13代以上。以一至二龄若蚜在树干伤疤、剪锯口、环剥口、老皮裂缝、新梢叶腋、果实梗洼、地下浅根部越冬，寄主植物萌动后，旬均气温达8℃以上时越冬若虫开始活动，4月底至5月初越冬若虫变为无翅孤雌成虫，以胎生方式产生若虫，每雌可产若虫50~180余头，新生若虫即向当年生枝条进行扩散迁移，爬至嫩梢基部、叶腋或嫩芽处吸食汁液。5月底至6月为扩散迁移盛期，同时不断繁殖危害，当旬均气温为22~25℃时，为繁殖最盛期，约8天完成1个世代，当温度高达26℃以上时，虫量显著下降。同时日光蜂对绵蚜的繁殖也起了有效的抑制作用。到8月下旬气温下降后，虫量又开始上升，9月间一龄若虫又向枝梢扩散危害，形成全年第二次为害高峰，到10月下旬以后，若虫爬至越冬部位开始越冬。苹果绵蚜的有翅蚜在我国1年出现两次高峰，第一次为5月下旬至6月下旬，但数量较少，第二次在9月至10月，数量较多，产生的后代为有性蚜，有性蚜喜隐蔽在较阴暗的场所，寿命也较短。

2. 防控技术

（1）植物检疫。应加强植物检疫，防治苹果绵蚜的扩散蔓延。在绵蚜发生区不育苗，不采接穗。严禁从疫区向非疫区调运苗木、接穗及其他繁殖材料。调运果品时也应严格检验，杜绝通过果品运输渠道扩散和蔓延。

（2）农业防治。苹果绵蚜主要发生在老果园以及管理粗放的苹果园，应加强果园的管理质量，科学修剪，中耕锄草，及时刮除粗翘皮，刮除树缝、树洞、伤口处的绵蚜，剪掉受害枝条上的绵蚜群落。操作时在树下平铺一块塑料布，将刮、铲下的绵蚜及残渣、枝条集中烧毁，以防再度为害果树。还可以铲除无用根蘖，刷树枝、堵树洞和喷雾灌根，都能有效地防治苹果绵蚜。另外，还应加强肥水管理，提高树势，增强树体的抵抗力。

（3）生物防治。主要是保护和利用天敌：苹果绵蚜的天敌主要有日光蜂、草蛉、瓢虫等。其中日光蜂的寄生率很高，对绵蚜有显著的控制作用。在自然条件下，山东青岛7~8月日光蜂的产卵数量远远超过绵蚜产仔量，因此，寄生率可达80%左右，对绵蚜起到很大的抑制作用，但是在春秋两季寄生率低，对绵蚜的控制作用较弱。有条件的果园可以人工繁殖释放或引放天敌。

（4）化学防治。苹果绵蚜多以若蚜在主干或根颈处群集越冬，可于萌芽前刮除老树皮或若蚜刚开始为害时喷药防治。在辽西地区，喷药时间一般在5月中旬至6月中旬、8月中旬至9月中旬绵蚜发生高峰期前进行。可用的药剂包括毒死蜱水乳剂1500倍液、48%毒死蜱乳油2500倍液。

第六章 主要病虫害防控技术

六、绣线菊蚜

绣线菊蚜属半翅目蚜科,又称苹果黄蚜,俗称腻虫、蜜虫,在我国普遍发生。其寄主有苹果、沙果、桃、李、杏、海棠、梨、木瓜、山楂、山荆子、枇杷、石榴、柑橘、绣线菊和榆叶梅等多种植物。

1. 发生规律

绣线菊蚜1年发生10余代,以卵于枝条的芽旁、枝杈或树皮缝等处越冬,以2~3年生枝条的分杈和鳞痕处的皱缝卵量多。次年春天寄主萌芽时开始孵化为干母,并群集于新芽、嫩梢、新叶的叶背开始为害,10余天后即可胎生无翅蚜虫,称之为干雌,行孤雌胎生繁殖。干雌以后则产生有翅和无翅的后代,有翅型则转移扩散。前期繁殖较慢,产生的多为无翅孤雌胎生蚜,5月下旬可见到有翅孤雌胎生蚜。6~7月繁殖速度明显加快,虫口密度明显提高,枝梢、叶背、嫩芽处常群集蚜虫,多汁的嫩梢是蚜虫繁殖发育的有利条件。8~9月雨量较大时,虫口密度会明显下降,至10月开始,全年中的最后一代为雌、雄有性蚜,行两性生殖、产卵越冬。

2. 防控技术

(1)农业防治。冬季结合刮老树皮,进行人工刮卵,消灭越冬卵。在春季蚜虫发生量少时,及时剪掉被害新梢并集中销毁,可有效控制蔓延。此法适用于幼树园。

(2)生物防治。绣线菊蚜的天敌很多,主要有瓢虫、草蛉、食蚜蝇和寄生蜂等,这些天敌对绣线菊蚜有很强的控制作用,应当注意保护和利用。在北方小麦产区,麦收后有大量天敌迁往果园，这时在果树上应尽量避免使用广谱性杀虫剂，以减少对天敌的伤害。

（3）化学防治。果树花芽萌动期喷洒 99％的机油乳剂，杀越冬卵有较好效果。果树生长期喷布：22％氟啶虫胺腈悬浮剂 15000 倍液、3％啶虫脒乳油 1500 倍液、50％抗蚜威可湿性粉剂 800～1000 倍液、10％吡虫啉可湿粉剂 5000 倍液等。

第七章 苹果果实分级、包装及贮藏

第一节 苹果果实分级与包装

一、果实的分级

分级就是将收获的果实,按果实的形状、大小、色泽、质地、成熟度、机械损伤、病虫害及其他特性等相关标准,分成若干整齐的类别,使同一类别的果品规格、品质一致,实现生产和销售的标准化。一般把果实分成3~4级,按质论价,分级销售,便于贮藏管理。

果实分级的方法有目测法、手测法、分级板等相结合的人工分级。也可用选果机进行分级。目前,大部分苹果产区还是采用人工分级的方法,果实大小通常用分级板确定。分级板上有从60毫米到100毫米每级相差5毫米的不同规格的圆孔,由此可将果实按横径大小分成若干个等级。而果形、色泽、果面洁净度等项指标则完全凭目测和经验判断来确定,工作效率很低;机械分级已普遍应用,分级机械有构造简单的果个分级机,即按果实大小,借传送带分出若干等级;也有较为先进的光电分级机,既能确定果色,又能分出果重;自动化程度高的机器,可以将洗果、吹干、打蜡、分级、称重、包装一次完成,分级准确,工作效率很高。但不管如何先进的分级设备,都需要部分工作人员站在流水线边上,检出那些机器无法判断的带有伤痕和斑点等不符合标准的果实。

二、洗果打蜡

洗果就是采用浸泡、冲洗、喷淋等方式水洗或用毛刷等清除果实表面的污物,以提高商品价值。应用套袋方法生产的苹果,由于果面洁净,可免去洗果的环节。

打蜡是在果实的表面涂上一层薄而均匀的透明薄膜,也称为涂膜。果实打蜡后,不仅抑制其呼吸作用,减少水分蒸发和营养物质的消耗,延缓衰老,更重要的是增进果面光泽、美观、漂亮,提高商品价值。这种方法已是现代果品营销的一项重要措施,多用于上市前的果实处理,也用于长途运输和短期贮藏。打蜡一般在洗果后进行,方法有人工浸涂、刷涂和机械涂蜡。少量处理时可用人工方法将果实在配好的涂料液中蘸一下取出,或用软刷、棉布等蘸取涂料液均匀抹在果面上。大量处理时用机械喷蜡工效高,效果好。成套设备由浸泡池、辊式输送机、清洗涂蜡机、风干机、分级机等设备组成。打蜡用的涂料主要有石蜡类物质的乳化蜡、虫胶蜡、水果蜡等。

三、果实的包装技术

果实分级后按不同级别进行装箱。多用纸质箱,又分普通包装箱、礼品包装箱。包装材料有纸箱、发泡网、包装纸、封口材料等。包装前应对苹果进行认真的挑选,确

第七章 苹果果实分级、包装及贮藏

保果品新鲜、洁净、无机械伤、无虫害、无腐烂,并按有关标准分级包装。包装应在冷凉的环境条件下进行,避免风吹日晒和雨淋。果品在包装容器内应按一定的排列形式,紧密、整齐摆放。容器内壁、果实层间须垫纸或塑料泡沫、瓦楞插板、托盘等衬垫物,以免碰伤或挤伤果实。进行包装和装卸时,应轻拿轻放,避免机械损伤。在包装外面注明产品商标、品名、等级、规格、重量、粒数、产地、特定标志、包装日期等内容。

四、注意事项

分级与包装工序流程按分级、洗果、打蜡、称重、套发泡网(包装纸)、入箱、封口、写标签说明的顺序进行。

在分级包装过程中不能损伤果实,不能污染果实。使用包装材料必须符合国家无公害产品包装要求,确保果实无害化。箱内容量据箱的规格而不同,但必须符合箱的要求。整个操作过程是流水作业。

第二节 苹果果实贮藏技术

一、果实的贮藏原理

果实贮藏的目的是利用各种措施减缓果实的衰老速度,延长供应期限,达到周年供应,满足市场需求的目的。原理是果实在衰老过程中进行呼吸作用,不断消耗营养,降低品质。通过合理的贮藏处理能降低呼吸消耗,推迟呼吸高峰期,延长果实寿命。一般果实贮藏的适宜温度—1~

4℃，空气湿度80%左右，氧气含量较低。

二、采后降温处理

又称果实预冷，果实刚从树上采下后，由于日晒和气温的影响，本身温度较高，致使果肉硬度下降较快，贮藏保鲜期缩短，品质降低。所以，果实采收后必须尽快预冷。最原始的预冷方法，是采后入贮前利用夜间低温使果温下降。通常将果实装筐后放在树下或背荫处，或将果实摊于地上，夜间坦露，白天遮荫，使其自然冷却，然后入贮。但这种预冷方式靠自然降温速度很慢，较大程度的影响果实的贮藏保鲜品质，气调贮藏、冷库贮藏不宜采用这种预冷方法。目前较好的预冷方法主要有低温预冷、冰水预冷和真空快速预冷等。

（一）低温预冷

将采收的果实放在0℃左右的环境条件下进行预冷，使温度逐渐降至1~2℃为止。箱装（15~20千克）苹果单层摆放在库内，预冷温度为0℃，预冷时间为15~20小时。

（二）冰水预冷

将果实直接浸入0~1℃的冰水内经10~15分钟，就可把果温降至1~2℃，但要求水温不能高于2℃以上。

（三）真空快速预冷

将果实放在真空快速预冷机内，经20~30分钟，将果温降至所需要的预冷温度。真空预冷机的压力降到4.5毫米水银柱内，水温即可达到0℃。预冷一次果量可达到0.3~1.5吨。

第七章 苹果果实分级、包装及贮藏

(四) 自然预冷

一般苹果产地的小型冷库尤其是自备的冷库,采用早晨采收及时入库和傍晚采收平摊果实晾一夜,第二天6点以前入库。这个时期的苹果一般能使田间热减少20%~50%,节能效果相当显著。在果园内或临近果园建的保鲜冷库,完全可以做到低温时间采收,分期入库降温。生产多用自然预冷,苹果预冷后及时入库、分级、包装。

三、产地简易贮藏技术

(一) 堆藏技术

选通风背阴高燥处,挖宽1.5米×深20~30厘米的沟,长视果量而定。修好整平,沟底铺无纺布,将苹果整齐地一层层排列好,堆高50~70厘米,下宽上窄,在堆中间插一草把换气。白天遮阴,晚上揭开降温。也可用箱装。用于临时性贮藏。

(二) 沟藏技术

1. 贮藏场所的选择和设置

贮藏场地要选择在地势平坦、背风向阳、土质坚实、干燥而不积水、运输和管理方便的地方。贮藏场地的大小可根据贮藏果量而定。一般每平方米的地沟可贮藏苹果250~300千克。地沟以南北向为宜,沟深一般为0.8~1米,沟宽1~1.2米,沟长以地形和果量而定。在沟底部中央,沿沟的走向作一条深、宽各20厘米的沟槽,以利于沟中通风透气。沿沟四周用土培成高30厘米左右的土埂。为了防御寒风和低温袭击,在贮藏地周围及沟的北沿距沟1米处,埋设风障。沟的上方架设屋脊状支架，上覆盖苫、席，挡风防寒，抵御风雪。

2. 沟藏果实的选择和预贮

供作沟藏的苹果应选择晚熟品种并适当晚采，采后进行挑选，剔除病虫果、机械伤果等，然后进行预贮，待果实自然降温后再进入地沟贮藏。苹果预贮多在果园内就地进行。其方法是，在冷凉高燥处的树荫下，作深20厘米、宽1.2~1.5米的土畦，四周筑成高约10厘米的畦埂。将果实从畦的一端开始，一层层地摆上去。摆果厚度5~6层。预贮期间，白天遮荫，傍晚揭开覆盖物通风降温。阴雨天气要防止雨水进入果堆内。

3. 果实入贮

经过预贮的果实，待温度降低后及时入贮。入沟前先在沟地铺一层5~6厘米厚的洁净细沙，然后从沟的一端开始，一层层地摆果。摆果厚度一般为60~70厘米。沟藏时也可将果实装入硅窗保鲜袋内，放入沟内。摆果过程中，每隔6~7米竖立一个用高粱秸或玉米秸扎成的通风把。通风把的直径约为10厘米，长度要高出果堆顶部10~15厘米。入沟后，在果堆顶部覆盖一层苇席或3~5层防寒纸。沟的上方要搭好屋脊状支架，盖上一层玉米秸或蒲席，遮荫防雪，防寒保温。

4. 贮藏管理

整个贮藏期间根据天气状况，做好初、中、后三期的管理。入贮初期，即为果实入沟1月左右的时间。该期的管理重点，是尽力降低贮藏环境的温度。晚间揭开沟顶的覆盖物，白天遮荫覆盖。天气干旱、沟内湿度不足时向四周墙壁上喷水，以防果实失水皱缩。

贮藏中期是全年气温最低的时间，该期管理重点是保温防冻。要随着气温的降低，逐渐加厚地沟上的覆盖物。地沟中设置的通气把，当气温下降到0℃左右时封堵严密。整个贮藏中期，一般不再揭开覆盖物通风。

贮藏后期是指次年早春天气开始转暖到贮藏结束前的一段时间。管理的重点是一方面适当通风，防止沟内温度回升过快；另一方面注意天气变化，避免天气骤寒冻伤果实。夜间可揭开沟上的覆盖物通风换气，尽量利用夜间下沉的冷空气降低沟温。进入3月份，天气进一步转暖，应分次撤去覆盖物。至3月中旬前后，除仅留架顶一层苫席防雨防晒外将其他覆盖物全部撤除，根据需要将果实及早出沟销售。

四、长期贮藏技术

（一）气调贮藏

气调贮藏是通过调节和控制贮藏环境的气体成分，达到延长苹果的贮藏期，获得良好保鲜效果的技术措施。标准的气调库是冷库加密封设施和造气、调气设备。

1. 气调贮藏保鲜技术要点

（1）对入贮果要求

气调贮藏的苹果品种优良，质量高，主要供应国内外中、高级市场和超级市场；凡是进行气调贮藏的苹果，必须适时采收、装运，进行严格挑选、分级和装箱待贮；果实分级装箱后应在1～2天内入贮，最长不超过3天，否则将影响果品质量。

(2) 果品预冷

苹果入库前预冷关系到果品的贮藏寿命和质量。果实采后不进行预冷即入库,短期内果温很难降下来。因此,果实采后预冷,降低了果实自身的呼吸强度,减少水分和营养物质的消耗,有助于提高耐贮性和保鲜效果。

(3) 温度和气体调节

快速入库,一般每 100 吨的贮藏库,装满库间最慢不得超过 48 小时;封库后要立即快速降氧;在封库后 2~3 天,库内氧气含量降至 2%~3%,二氧化碳的浓度不宜高于 5%,温度恒定在 0℃上下,相对湿度保持在 90%左右。

(4) 气调库的管理

苹果入库前认真检查气调库各项设备的功能是否完好,是否运转正常,及时排除各种故障。启动制冷机,库内温度降至 0℃后备果入库。入库后初期管理,库温降至 0℃后,启动制氮机和二氧化碳脱除器分别进行库内快速降氧和脱除二氧化碳,使库内温度及气体成分逐渐稳定在长期贮藏的适宜指标。对库内温度和氧气、二氧化碳浓度的变化,每天测定 1~2 次,掌握其变化规律,并加以严格控制。

中后期管理主要是检查、检测工作,以防库房各种设施出现故障。气调贮藏的苹果,出库前要停止所有的气调设备的运转,小开库门缓慢升氧,经过 2~3 天,库内气体成分逐渐恢复到大气状态后,工作人员方可进库操作。另外,立即组织苹果的包装运输和销售。一般气调贮藏的果品货架期为 2 周左右。

(5) 苹果入库注意事项

第七章 苹果果实分级、包装及贮藏

①坚持好果入库 在贮果前应剔除病虫果、碰伤果，保证优良果入贮，以防止烂果。

②做好入库准备工作 对于已贮过果的旧库，在贮果前进行打扫和消毒，以减少病菌传播机会，一般用硫黄熏蒸：每立方米用硫黄10克或用1%福尔马林溶液均匀喷布，然后密闭两天，通风后再使用。刚采收的果实果温往往高于气温，可将果实放在冷凉的地方过夜，利用夜间低温降低果温，在果温接近库温时入贮，能提高贮藏效果。

③入库后要细心管理 贮藏苹果的适宜温度为$-1\sim 0℃$，因而在果品入库前及贮藏后期要注意在夜间低温时通风降温。贮藏苹果适宜的湿度应在85%～90%，较高的湿度可以降低果实水分蒸发。二氧化碳的浓度要控制在5%～10%。另外，降低库内氧气的浓度可使苹果保脆、保色。

④注意防止贮藏期病害的发生 苹果贮藏期的病害主要有虎皮病、炭疽病、水心病、青霉病等。具体防治措施有：严格挑选果实，不让带病果进库；入库前认真搞好果窖消毒工作；库前果实喷一次50%甲基托布津1000倍液或多菌灵600倍液，杀死果实上附着的病菌。

⑤适时出售 在春节前后将80%的贮藏果销售掉，在五一前后要清库，一般都要全部销售。

（二）冷库贮藏

冷库贮藏也称机械冷藏。这种贮藏方法是用良好的隔热材料与坚固的建筑材料建成的库房，并与机械制冷设备配套，贮藏环境的温度由机械制冷设备控制。可以根据苹果品种对贮藏温度、湿度和通风换气的要求，进行调节和控制，因而贮藏保鲜的时间长，效果好。

1. 品种的选择和入库前的准备

冷库贮藏保鲜的苹果,原则上任何品种都可以,但根据果园的品种情况和经济目标,应该贮藏利用简易贮藏法难以长保鲜的品种,如红星、金帅、乔纳金等,或贮藏价格较高、贮后增值明显、经济效益较好品种,如红富士等。入库前,首先对冷库和所有的容器集中进行消毒。最简单的办法是把冷库密封起来熏硫消毒。具体做法是,按每100立方米库容用1~2千克硫黄加干锯末点燃,密封2~3天后启封排除残毒,然后对冷库进行预冷。轻质库一般预冷3~5天,土建重质库(夹层墙库)预冷7天以上,即能将库内温度稳定降至0℃左右。

2. 入库

苹果入库前要进行预冷处理,入库时应严格掌握分期分批入库。每批入库后要及时降温,待上一批入库果降到要求温度时再入下一批。一般每天入库量不宜超过总库容的1/10。苹果保鲜一般采用保鲜包装贮藏。多年来比较成功的保鲜包装是用无毒聚氯乙烯(PVC)专用保鲜袋。一般容量10~20千克,装入外包装箱内入库贮藏。苹果在库内的堆码高度因情况而异。苹果外包装比较坚固可承受多层压力时直接码垛,但堆码高度不超过2.5米;若外包装材料不很坚固或堆码高度超过2.5米,应考虑搭制货架和分层码垛。搭制货架后保鲜包装的苹果直接放在货架上,省去了外包装。码垛时,垛与墙之间、垛与垛之间和包装箱之间留出一定的空隙,以利通风降温。

3. 冷库管理

冷库管理主要是温度、湿度和气体成分的检查和调节。

第七章 苹果果实分级、包装及贮藏

一般入贮果全部入库后,应在 7 天内将库温降至 0℃左右,之后维持在 -1～2℃之间。没有采用保鲜袋贮藏的冷库,库内相对湿度应达到 90%。在相对湿度较低时,库内应安装增湿器或喷水器;采用保鲜袋贮藏的冷库,库内湿度应尽量降低。果品在库内贮藏过程中,释放出二氧化碳和乙烯,为防腐而进行短期处理的某些气体如二氧化硫等也在库内长期存在,均应及时排除库外。库内设置风机,把外界空气从蒸发器风机前的位置送入库内,及时更换新鲜空气。但进风量一定要小,以减少库内温度变化。

（三）通风库贮藏

1. 通风库的结构和种类

通风库宜建筑在地势高燥、地下水位低、通风良好的地方。通常分为地上式、半地下式和地下式三种。通风库的平面形状多为长方形,一般库宽 9～12 米,长 30～40 米,高 4 米以上。库房的走向因各地的气候条件而不同。北方建库多以南北走向,以减少冬季迎风面的面积,防止库温过低。建筑通风库时,最重要的是选择好库墙、库顶的绝热材料。一般情况下,容量低于 500 吨的贮藏库,每 50 吨果品所需要的通风面积不应少于 0.5 平方米。进气设施的安排,一般在库房基部设置进气窗。地下式或半地下式通风库,也可用中间的通道导入冷空气。排气筒多设在库顶中央,并高出库顶 1 米以上。一般每隔 5～6 米,开设一个口径为（25～35）×（25～35）厘米的排气筒。

2. 贮藏管理

在苹果入贮前,要对通风库进行清扫、通风、设备检

苹果绿色高效生产与病虫害防治

修和消毒。消毒方法是每立方米库容用硫黄 10 克加锯末搅拌，点燃发烟后密封 2 天，然后打开通风。一般消毒后通风 2~3 天，果实才能入库。通风库贮藏苹果，既可箱装堆码，也可散存沙藏，但箱装堆码能经济利用库容，便于通风和管理。果实入库后，通风库的管理工作，主要是根据库内外温、湿度的差异，正确掌握通风时间和通风量，调节库内温度和湿度。通风换气多在库内外温差较大时进行。春秋季节，一般多在夜间气温较低时通风，当库温降到一定程度时，将通风设备关闭。寒冬季节，通风库以保温为主，通常在气温较高的白天通风换气。为加快库内空气对流安装排气扇和抽气机，气温过高时在进气口处放置冰块，能有效地降低库内温度。

参考文献

[1] 张立功，薛雪. 彩图版苹果优质安全栽培技术，北京：中国农业出版社，2020.

[2] 李晓龙. 优质苹果生态栽培与有害生物防控，北京：中国林业出版社，2019.

[3] 王江柱，解金斗等. 苹果高效栽培与病虫害看图防治，北京：化学工业出版社，2019.

[4] 张永平. 苹果栽培技术，昆明：云南科技出版社，2018.

参考文献

[1] 张志玲, 陈勤. 果园除草异化旅及省地除水. 北京: 中国农业出版社, 2020.
[2] 秦振忠. 优质苹果主要技术问答生产图说. 北京: 中国林业出版社, 2016.
[3] 王吉庭, 陈志飞. 苹果高效栽培与病虫害有图解. 北京: 化学工业出版社, 2019.
[4] 张水平. 苹果栽培技术. 图册. 云南科技出版社, 2018.